アルゴリズムとプログラミング

鈴木一史

（改訂版）アルゴリズムとプログラミング（'20）

©2020　鈴木一史

装丁・ブックデザイン：畑中　猛

o-22

まえがき

　近年，様々な分野でコンピュータが使われ，ソフトウェアが大きな役割を果たしています。ソフトウェアが正しく動作することはたいへん重要です。さらに，ソフトウェアは効率の良い動作をしなくてはなりません。いくら高性能なハードウェアを用いてもソフトウェアに使われているアルゴリズムやデータ構造が不適切なものであれば，ハードウェアの性能を十分に生かすことはできません。一般的に，ハードウェアは変更が困難ですが，ソフトウェアは変更が可能であり，アルゴリズムの改良でソフトウェアの動作を改善し，高速化することができます。これがソフトウェアの魅力的な部分といえるでしょう。現在，ソフトウェアに対する需要は高まっており，ソフトウェアを作成するプログラミングの知識を持った技術者や研究者が必要とされています。

　プログラミングを行う環境は進化しており，様々なオペレーティングシステム上で動作する高性能なコンパイラやインタプリタによって高度なプログラミングが可能になっています。また，プログラミングを学習するための書籍やWebサイトも多数存在し，アイディア次第で素晴らしいソフトウェアを作ることもできるでしょう。近年のコンピュータは安価ですが，一昔前のスーパーコンピュータ並みの性能を持っています。高速な処理ができるだけでなく，驚くほど大容量のメモリを扱うことも可能です。これによって，古典的な数値演算だけでなく，画像，音声，動画像，三次元データ等に関する処理も身近なものになってきています。

　本書で扱うのは，初歩的なプログラミング手法や基本的なアルゴリズムです。プログラムの例にはC言語を使っていますが，容易に他のプログラミング言語に変換できるでしょう。読者の皆様には，計算機科学に

対する知識を深めるとともに，プログラミングを楽しんでいただければと思っています。

　本科目は，スマートフォンのアプリケーションソフトウェア，人工知能，深層学習，ロボット制御，組み込みシステムなどのプログラミングをやってみたいという方には期待外れの科目かもしれません。豊富なライブラリなどが利用できるPython，Go，Java，C++などの近代的なプログラミング言語に慣れている方には興味がわかない内容も含まれているでしょう。しかし，この科目が，何気なく使っていたソート関数，データやオブジェクトを格納するコンテナなど，どのような仕組みで動作しているのかを考えるきっかけとなってくれればと思います。

2020年1月

放送大学　教授

鈴木　一史

目 次

1 │ プログラミング

《**目標とポイント**》 アルゴリズムやプログラミングについて学習する。コンパイラによるソースコードから実行可能なターゲットプログラムへの変換の大まかな流れについて学習する。C言語を例として，簡単なデータの入力，データの出力，変数，式，コメント記述等の基礎的なプログラミングについて学ぶ。
《**キーワード**》 アルゴリズム，プログラミング言語，コンパイラ，インタプリタ，入力，出力，変数，式，コメント記述

1.アルゴリズムとプログラミング言語

　プログラム（program）とはコンピュータに対する処理を記述したものである。プログラムによって問題を解くための処理手順は，アルゴリズム（algorithm）と呼ばれる。プログラムを作ることは，プログラミング（programming）と呼ばれる。プログラミングで使われる人工の言語はプログラミング言語（programming language）と呼ばれる[1]。プログラミング言語は，人間にとって理解しやすい記述になっており，それをコンピュータが解釈できる形に変換し，実行することでプログラムが動く。コンパイラ（compiler）は，プログラミング言語に基づいて記述されたプログラムを，コンピュータが実行可能な機械語のプログラムに変換するソフトウェアである。このような変換操作はコンパイル（compile）と呼ばれる。なお，これとは別の方式で，インタプリタ（interpreter）による方式がある。インタプリタとは，プログラミング

---

[1]：プログラム言語という呼び方をする場合もある。

言語で書かれたソースコードを逐次変換しながら実行していくソフトウェアである。

　プログラミング言語には様々なものがあり，その数は数千以上といわれている。そして，新たなプログラミング言語が次々と設計されている。ただし，あまり使われることなく消えていくプログラミング言語も多数ある。表1-1は，"Top 10 Programming Languages" IEEE Spectrum 2014 [1] から抜粋した人気のプログラミング言語の例である。（表では，プログラミング言語に分類すべきものかどうか曖昧なものも含まれており，利用者が多いFortranやCOBOL等が無いなどソースの集計方法に依存する結果であるが，2014年の時点で主要なプログラミング言語が列挙されているといえるであろう。）

表1-1　プログラミング言語の例
（"Top 10 Programming Languages" IEEE Spectrum 2014より）

1．Java	8．Ruby	15．Visual Basic
2．C	9．R	16．Objective-C
3．C++	10．MATLAB	17．Scala
4．Python	11．Perl	18．Shell
5．C#	12．SQL	19．Arduino
6．PHP	13．Assembly	20．Go
7．JavaScript	14．HTML	

2.　コンパイラ

　プログラミング言語で記述したソースプログラム（source program），または，ソースコード（source code）を，コンピュータが実行できるターゲットプログラム（target program）形式に変換するソフトウェアはコンパイラ（compiler）と呼ばれる。英語のcompileは"翻訳"を意味する。

通常，コンパイラ型の言語ではソースプログラムは最終的に実行形式である
ターゲットプログラムに変換される。そして，このターゲットプロ
グラムはインタプリタ型の言語によって実行されるプログラムに比べて
実行速度が速い場合が多い。図1-1は一般的なコンパイラによるソース
プログラムから実行可能なターゲットプログラムへの変換の過程を示し
たものである。

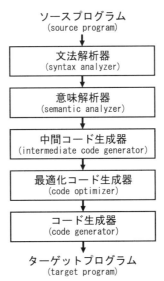

図1-1　コンパイラによるソースプログラムからターゲットプログラムへの変換

　本書では，C言語を利用したソースプログラム（ソースコード；ある
いは単純に，コード）を例示していく。本書のコードは，Linux等で動
作するgcc（GNU compiler collectionに含まれるC compiler）やclang（C
language family frontend for LLVM）等でコンパイルが可能である。
その他のオペレーティングシステムで動作するC言語のコンパイラで

も，コンパイル方法が異なるだけで同様に動作させることが可能である。（ただし，環境によっては使用する関数等，コードの一部変更の必要がある。）

　以下はLinuxの端末（terminal）プログラムから，コマンドライン（command line）でコンパイルを行い，プログラムを実行する例である。gccがCコンパイラ，ex1-1.cがソースコードのファイル名，ex1-1はコンピュータが実行できるターゲットプログラムとなる。$はコマンドプロンプトである。

```
$ gcc ex1-1.c -o ex1-1
$ ./ex1-1
```

3. 入出力と演算

　本節では，プログラムによるデータの出力，データの入力，変数，加減乗除，関数による算術演算などについて述べる。

3.1 出力と入力

　コード1.1は，画面（標準出力）に文字データを出力するプログラムである。stdio.hというヘッダファイル（header file）には，printf関数をはじめ，様々な標準的な入出力に関連したライブラリ関数等の情報が含まれている。C言語では必ず1つのmain関数を持ち，ここからプログラムの実行が開始される。この例では，main関数は整数値を返し，このプログラムを呼び出したプロセスに値0を返す。この場合，単純に実行すればオペレーティングシステムに値が返される。（なお，stdlib.hをインクルードして，EXIT_SUCCESSを返すスタイルが好まれる場合

もある。)

[ex1-1.c]

```
/* code: ex1-1.c   (v1.16.00) */
#include <stdio.h>

int main ()
{
  printf ("The Open University of Japan\n");

  return 0;
}
```

[出力]

```
The Open University of Japan
```

コード1.1：データの出力

　コード1.2はscanf関数を利用した入力の例である。このプログラムは整数型のデータ入力を要求し，入力されたデータを表示する。scanf関数は通常，キーボード等の標準入力からデータ入力を行うが，以下のようなリダイレクション（redirection）を利用してファイルからデータ入力をすることも可能である。

```
$ ./ex1-2 < Input_ex1-2.txt
```

　scanf関数内の "%d" は変換文字列と呼ばれ，これはデータ書式を表しており，次に続く引数の型の指定を行っている。

14

[ex1-2.c]

```
/* code: ex1-2.c    (v1.16.00) */
#include <stdio.h>

int main ()
{
  int a;
  printf ("Enter an integer: ") ;
  scanf ("%d", &a) ;
  printf ("The integer you entered was %d.\n", a) ;

  return 0;
}
```

[出力]

```
Enter an integer: 300
The integer you entered was 300.
```

コード1.2：データの入力（この例では300を入力。）

3.2　変数

　C言語では変数を使用する前に，あらかじめ変数の宣言をしておかなければならない。変数の宣言では，使用する変数の型を指定する。表1-2はC言語における基本的なデータ型である。文字を変数に格納するためには，キーワードcharが使われる。整数を変数に格納するためには，キーワードintが使われる。浮動小数点数を変数に格納するためには，キーワードfloatやdoubleが使われる。通常，doubleでは有効桁数でfloatの約2倍の精度を持っている。voidは"何も無し"，あるいは，"値無し"という意味の型である。

表1-2　データ型

データ型	キーワード	キーワードの英語
文字	char	character
整数	int	integer
浮動小数点数	float	floating-point
倍精度浮動小数点数	double	double precision floating-point
値無し	void	void

　データ型によって値を保存するために使われるメモリサイズは異なっている。コード1.3は，sizeof演算子を使ってデータ型のメモリサイズを表示するプログラムである。（なお，sizeof演算子はsize_t型を返すため，このコード1.3の例では，printfの書式にC99規格から利用できる変換指定子"z"を使っている。）メモリサイズの大きさはオペレーティングシステムやコンパイラ等に依存するため，出力結果はシステムによって異なったものになる。なお，表1-2のデータ型でvoid以外のデータ型では，short，long，signed，unsignedの型修飾子（type modifier）を使うことができ，変数に確保されるメモリ領域の量の変更や，変数を符号付きか符号無しにすることもできる。コード1.3のshortはshort int, longはlong intの略記である。

[ex1-3.c]

```
/* code: ex1-3.c   (v1.16.00) */
#include <stdio.h>

int main ()
{
  char a;
  short b;
  int c;
  long d;
  float e;
```

16

```
  double f;
  printf ("char:   %zd byte (s) \n", sizeof (a));
  printf ("short:  %zd byte (s) \n", sizeof (b));
  printf ("int:    %zd byte (s) \n", sizeof (c));
  printf ("long:   %zd byte (s) \n", sizeof (d));
  printf ("float:  %zd byte (s) \n", sizeof (e));
  printf ("double: %zd byte (s) \n", sizeof (f));

  return 0;
}
```

[出力]

```
char:   1 byte (s)
short:  2 byte (s)
int:    4 byte (s)
long:   8 byte (s)
float:  4 byte (s)
double: 8 byte (s)
```

コード1.3：変数（Fedora 21, x86_64, gcc 4.9.2での出力例）

3.3 算術演算

　C言語では，表1-3のような算術演算子（arithmetic operator）がある。演算子には優先順位があり，乗算，除算，剰余の演算子は，加算，減算の演算子よりも優先順位が高い。計算の順序を変更するためには，括弧"（ ）"を利用することができる。例えば，以下のような式では，3＋2の加算が先に行われた後で7の積算が行われる。

```
7 * ( 3 + 2 )
```

表1-3　C言語における基本的な算術演算子

演算	演算子
加算	+
減算	−
乗算	*
除算	/
剰余	%

　コード1.4は整数型の変数に対して算術演算を行うプログラムである。

[ex1-4.c]

```
/* code: ex1-4.c   (v1.16.00) */
#include <stdio.h>

int main ()
{
  int a, b, c;
  a = 10;
  b = 3;
  c = 0;
  printf ("a=%d¥n", a) ;
  printf ("b=%d¥n¥n", b) ;
  c = a + b;
  printf ("a + b = %d¥n", c) ;
  c = a - b;
  printf ("a - b = %d¥n", c) ;
  c = a * b;
  printf ("a * b = %d¥n", c) ;
  c = a / b;
  printf ("a / b = %d¥n", c) ;
  c = a % b;
  printf ("a %% b = %d¥n", c) ;

  return 0;
}
```

18

```
a=10
b=3

a + b = 13
a - b = 7
a * b = 30
a / b = 3
a % b = 1
```

コード1.4：算術演算子

　C言語では，様々な関数を利用することができる。表1-4は算術関数の一例である。計算されるデータ型によって関数名が若干異なっている。コード1.5はこれらの関数を使った計算例である。これらの関数を利用するためには，ヘッダファイルmath.hをインクルードしなければならない。また，これらの関数が利用されているコードでは，gccやclang等のコンパイラで，コマンドラインでコンパイルする場合，"-lm"オプションを付加する必要がある。なお，C99規格では，表1-4に示した算術関数以外にも大幅に利用できる算術関数が増えている。

表1-4　math.hで定義される関数の一例

計算	double型	float型	long double型
sinの計算	sin	sinf	sinl
cosの計算	cos	cosf	cosl
tanの計算	tan	tanf	tanl
べき乗の計算	pow	powf	powl
平方根の計算	sqrt	sqrtf	sqrtl
天井関数の計算	ceil	ceilf	ceill
床関数の計算	floor	floorf	floorl

　コード1.5のべき乗（power；または，累乗）を求めるpow関数では，double pow（double x, double y）の形式になっており，xは基数の値，yは指数の値で，関数はdouble型の計算結果を返す。

[ex1-5.c]

```
/* code: ex1-5.c   (v1.16.00) */
#include <stdio.h>
#include <math.h>

int main ()
{
  double x, y, z;
  x = 30.0;
  y = 3.0;
  z = 0.0;
  printf ("x=%f¥n", x) ;
  printf ("y=%f¥n¥n", y) ;
  z = pow (x, y) ;
  printf ("pow (x,y) = %f¥n", z);

  return 0;
}
```

[出力]

```
x=30.000000
y=3.000000

pow (x,y) = 27000.000000
```

コード1.5：pow関数

3.4　変数と式

　コード1.6は，セルシウス温度（Celsius;摂氏）からファーレンハイト温度（Fahrenheit; 華氏）への換算を行うコードの例である。セルシウス温度（c）からファーレンハイト温度（f）への換算は以下の式で表される。コード1.6の例のように変数を利用して複雑な式を計算すること

が可能である。

$$f = \frac{9.0}{5.0} \times c + 32.0$$

[ex1-6.c]

```
/* code: ex1-6.c   (v1.16.00) */
#include <stdio.h>
#include <math.h>

int main ()
{
  float celsius, fahrenheit;

  celsius = 36.5;
  fahrenheit = (9.0 / 5.0) * celsius + 32.0;
  printf ("%f (Celsius) = %f (Fahrenheit) \n", celsius,
fahrenheit) ;

  return 0;
}
```

[出力]

```
36.500000 (Celsius) = 97.699997 (Fahrenheit)
```

コード1.6：式による温度変換計算（C→F）

3.5　プログラム中のコメント

　コード1.7のように，スラッシュ "/" とアスタリスク "＊" を利用した "／＊" と "＊／" の間の文字列がコメントとなる。なお，C99規格からは，スラッシュを2個使った "//" で，C++言語スタイルの1行コメントを利用することもできる。

[ex1-7.c]

```
/* code: ex1-7.c   (v1.16.00) */
#include <stdio.h>

int main ()
{
  printf ("The Open University of Japan¥n") ;
  /* web address
     http://www.ouj.ac.jp/  */

  // C++ style comments
  // C99 allows single-line comments

  return 0;
}
```

[出力]

```
The Open University of Japan
```

コード1.7：コメントの例

┌─ コラム ソースコードの整形 ─────────────────────┐

cb（C program beautifier）

　cbコマンドは文法的に正しいC言語のソースコードを読み，スペースやインデントを整形して出力する。以下の例では，example.c を読み，Kernighan and Ritchie スタイルでexample.txt というファイルへ整形したファイルを書き込む。

```
$ cb -s example.c > example.txt
```

indent (GNU indent; beautify C code)

　indentコマンドもcbと同様にC言語のソースコードを見やすく整形する。GNUスタイルや，Berkeleyスタイル，Kernighan and Ritchie スタイル等が利用できる。indentコマンドは，多くのLinuxディストリビューションで利用できる。以下の例では，example.cを読み，GNUスタイルで整形したファイルをexample.txt というファイルへ書き込む。

```
$ indent -gnu example.c -o example.txt
```

└────────────────────────────────────┘

参考文献

[1]　http://spectrum.ieee.org/computing/software/top-10-programming-languages#
注：2014年時点のWeb情報である。
より新しいランキング，例えば，2019年度のものは以下から参照できる。
https://spectrum.ieee.org/computing/software/the-top-programming-languages-2019

演習問題

【問題】

(問1.1)　天井関数ceilと床関数floorを使ったプログラムを作成しなさい。

(問1.2)　平方根の計算を行うプログラムを作成しなさい。表1-4のsqrt，sqrtf，sqrtlの異なるデータ型の平方根を求める関数を利用すること。

(問1.3)　コード1.6を変更して，ファーレンハイト温度（Fahrenheit; 華氏）からセルシウス温度（Celsius;摂氏）の換算を行うプログラムを作成しなさい。ファーレンハイト温度（f）からセルシウス温度（c）への換算は以下の式で表される。

$$c = \frac{5.0}{9.0} \times (f - 32.0)$$

24

解答例

（解1.1）

「q1-1.c」

```
/* code: q1-1.c   (v1.16.00) */
#include <stdio.h>
#include <math.h>

int main ()
{
  double x, y;

  x = 3.14159;
  y = 0.0;
  printf ("x=%f¥n¥n", x);
  y = ceil (x);
  printf ("ceil (x)  = %f¥n", y);
  y = floor (x);
  printf ("floor (x) = %f¥n", y);

  return 0;
}
```

「出力」

```
x=3.141590

ceil (x)  = 4.000000
floor (x) = 3.000000
```

コードq1-1：天井関数と床関数の計算例

（解1.2）　データ型に注意してprintf関数の出力フォーマットを使うこと。printf関数でfloat型やdouble型を出力する場合は "%f" を用いる。C99規格ではprintf関数でdouble型を出力する場合に "%lf" も利用できる。なお，scanf関数ではdouble型変数への入力をする場合は "%lf" が使われる。（ただし，これらの入出力フォーマットは処理系によって異なる場合がある。）

「q1-2.c」

```
/* code: q1-2.c   (v1.16.00) */
#include <stdio.h>
#include <math.h>

int main ()
{
  float fx, fz;
  double dx, dz;
  long double lx, lz;

  fx = 100.00F;
  fz = sqrtf (fx) ;
  printf ("fx = %f¥n", fx) ;
  printf ("sqrtf (fx) = %f¥n¥n", fz);

  dx = 100.00;
  dz = sqrt (dx) ;
  printf ("dx = %f¥n", dx) ;
  printf ("sqrt (dx)  = %f¥n¥n", dz);

  lx = 100.00L;
  lz = sqrtl (lx) ;
  printf ("lx = %Lf¥n", lx) ;
  printf ("sqrtl (lx) = %Lf¥n¥n", lz);

  return 0;
}
```

「出力」

```
fx = 100.000000
sqrtf (fx) = 10.000000

dx = 100.000000
sqrt (dx)  = 10.000000

lx = 100.000000
sqrtl (lx) = 10.000000
```

コードq1-2：平方根の計算例

（解1.3）

「q1-3.c」

```
/* code: q1-3.c   (v1.16.00) */
#include <stdio.h>
#include <math.h>

int main ()
{
  float fahrenheit, celsius;

  fahrenheit = 25.1;
  celsius = (5.0 / 9.0) * (fahrenheit - 32.0) ;
  printf ("%f (Fahrenheit) = %f (Celsius) \n", fahrenheit,
celsius) ;

  return 0;
}
```

「出力」

```
25.100000 (Fahrenheit) = -3.833333 (Celsius)
```

コードq1-3：式による温度変換計算（F→C）

2 | 条件分岐

《**目標とポイント**》 条件分岐について学習する。条件分岐文では，設定した条件に従って実行するコードを変更することができる。C言語によるif文，if-else文，条件分岐に使われる比較演算子，switch文，条件演算子，goto文について学習する。

《**キーワード**》 条件分岐，if文，if-else文，比較演算子，switch文，条件演算子，goto文

1. if文による条件分岐

　通常，コードは記述された順番に実行されていくが，条件分岐文（conditional statement）によって実行するコードを変更することができる。つまり，条件に従ってコードを実行したり，実行をしなかったりという選択ができる。

1.1　if文

　if文（if statement）を利用することで条件分岐が可能になる。図2-1はC言語のif文の形式である。条件文の結果が真（true）であれば，本文が実行される。条件文が偽（false）であれば，本文は実行されない。条件の結果が真の場合とは，条件文が0以外のときである。逆に，条件の結果が偽の場合とは，条件文が0のときである。

```
if  ( 条件文 )
  本文；
```

図2-1　if文の形式

　表2-1は，C言語の比較演算子(relational operators)の例である。比較演算子は2つの被演算子が使われ，比較演算子は左側の被演算子と右側の被演算子を比較する。なお，C言語では比較演算子"=="が，代入演算子"="と似ているため注意しなくてはならない。

表2-1　比較演算子の例

比較演算子	比較演算子の意味	比較演算子の意味（英語）
==	等しい	equal to
!=	等しくない	not equal to
>	大きい	greater than
<	小さい	less than
>=	大きいか等しい	greater than or equal to
<=	小さいか等しい	less than or equal to

　コード2.1は，条件文ifが使われたプログラムの例である。変数xに500，変数yに300を代入し，変数xと変数yを条件文で比較している。比較演算子には">"が使われており，左辺の変数xは，右辺の変数yよりも大きいので，条件文は真となる。そのため，この例では，"X is greater than Y."と表示される。そして，条件文が偽となるときは，このメッセージは表示されない。

[ex2-1.c]

```
/* code: ex2-1. c   (v1. 16. 00) */
```

```
#include <stdio.h>

int main ()
{
  int x, y;

  x = 500;
  y = 300;

  printf ("X = %d¥n", x);
  printf ("Y = %d¥n", y);

  if (x > y)
    printf ("X is greater than Y.¥n");

  return 0;
}
```

[出力]

```
X = 500
Y = 300
X is greater than Y.
```

コード2.1：if文による変数比較

　複数の命令を実行したい場合には，図2-2のように波括弧（カーリーブラケット ；curly bracket）の記号 "{ }" を利用したブロック文（block statement）を用いる。ブロックとは，複数個の文などのコードのグループのことである。複文（compound statement）と呼ばれることも多い。


```
if (条件文) {
  本文0;
  本文1;
  ・・・
  本文n;
}
```

図2-2　ブロック文が使われたif文の形式

1.2　if-else文

　図2-3はif-else文の形式である。条件文が真となる場合は，本文Tが実行される。条件文が偽となる場合は，本文Fが実行される。

```
if  ( 条件文 )
  本文T;
else
  本文F;
```

図2-3　if-else文の形式

　コード2.2は，if-else文が使われた例である。変数xに500，変数yに700を代入し，変数xと変数yを条件文で比較している。比較演算子には"＞"が使われており，左辺の変数xは，右辺の変数yよりも小さいので，条件文は偽となる。そのため，この例では，"X is less than or equal to Y."と表示される。

[ex2-2.c]

```
/* code: ex2-2.c   (v1.16.00) */
#include <stdio.h>

int main ()
{
  int x, y;

  x = 500;
  y = 700;
  printf ("X = %d\n", x);
  printf ("Y = %d\n", y);

  if (x > y)
    printf ("X is greater than Y.\n");
  else
    printf ("X is less than or equal to Y.\n");
```

```
    return 0;
}
```

[出力]

```
X = 500
Y = 700
X is less than or equal to Y.
```

コード2.2：if-else文

　複数の命令を実行したい場合には，図2-4のように波括弧 " ｛ ｝ " を利用したブロック文を用いる。

```
if ( 条件文 ) {
    本文T0;
    本文T1;
    ・・・
    本文Tn;
}
else {
    本文F0;
    本文F1;
    ・・・
    本文Fm;
}
```

図2-4　ブロック文が使われたif-else文の形式

2.　switch文による条件分岐

　switch文は，式（expression）の値に応じて多分岐を行う。定数式（constant expression）には，整数の値，または整数の値となる式を記述する。"default" は，どの "case" にも一致しなかった場合に実行される。"case" と "default" の順序は任意である。また，"default" は

省略することも可能である。break文は，それ以降の処理を行わずに
switch文を抜ける。なお，switch文は，if-else文を繰り返し使って同等
のコードに書き換えることができる。

```
switch （式） {
  case 定数式0:
    本文;
    ・・・
    break;
  case 定数式1:
    本文;
    ・・・
    break;
  case 定数式2:
    本文;
    ・・・
    break;
  default:
    本文;
    ・・・
    break;
}
```

図2-5　switch文の形式

　コード2.3は，文字型の変数gradeの値に応じて多分岐を行う例であ
る。この例では，変数gradeの値が‘B’であるので，"good"という
文字が出力される。

[ex2-3.c]

```
/* code: ex2-3.c   (v1.16.00) */
#include <stdio.h>

int main ()
{
  char grade;

  grade = 'B';
```

```
  switch (grade) {
  case 'A':
    printf ("excellent\n");
    break;
  case 'B':
    printf ("good\n");
    break;
  case 'C':
    printf ("fair\n");
    break;
  case 'D':
    printf ("barely passing\n");
    break;
  case 'F':
    printf ("not passing\n");
    break;
  default:
    printf ("ERROR: invalid character\n");
    break;
  }
  printf ("Your grade is  %c\n", grade);
  return 0;
}
```

[出力]

```
good
Your grade is  B
```

コード2.3：switch文の例

3. 条件演算子

　C言語には，演算子 "？：" を使った条件演算がある。この演算子は，三項演算子（ternary operator）である。これを使うと，if-else文と類似したコードを書くことが可能である。条件式が真なら式Ｔの値を，偽なら式Ｆの値を返すという演算を行う（図2-6）。式Ｔと式Ｆは，同じ型の値を返さなければならない。

```
条件式 ?  式T ： 式F
```

図2-6　条件演算子の形式

　図2-7の条件演算子による式は，図2-8のif-else文に変換することが可能である。つまり，変数resultの値として，式Tまたは式Fの値が代入される。

```
result = a > b ? x : y;
```

図2-7　条件演算子"?:"の例

```
if (a > b) {
  result = x;
}
else {
  result = y;
}
```

図2-8　if-else文の例

4. goto文

　図2-9は，goto文の形式を示したものである。goto文はコードの実行位置を移動させることができる。ラベルがある場所まで実行が移動する。

```
goto  ラベル;
ラベル: 本文
```

図2-9　goto文の形式

　一般的に，goto文はスパゲティコード（spaghetti code）を作り出してしまう原因となるため，多用することは推奨されていない。goto文は，特殊なエラー処理や多重にネストされたループから抜け出すために使われることが稀にある。しかし，goto文はループなどの繰り返し処理や，関数などの制御構造と比較して処理の流れがわかりにくくなり，コードの可読性が悪くなる。例えば，図2-10のfor文は，図2-11のgoto文に書き換えることが可能であるが，処理の流れの可読性が良いとはいえない。（for文は繰り返しの処理に使われる。for文の詳細は3章で述べる。）

```
for ( i=0; i<1024; i++) {
  本文；
}
```

図2-10　for文の例

```
i = 0;
LABEL_A:
  if ( i > 1024 )
    goto LABEL_B;
  本文；
  i++;
  goto LABEL_A
LABEL_B:
```

図2-11　goto文の例

【問題】

(問2.1)　コード2.2を変更し，scanf関数を用いて変数xと変数yの値を，キーボード等の標準入力から入力できるようにしなさい。

(問2.2)　コード2.3のswtich文の例を変更し，変数gradeが小文字のデータに対しても多分岐できるようにしなさい。

(問2.3)　次のコードではswitch文が使われている。switch文を使わずにif-else文で書き換えなさい。論理演算子（論理積 "&&"，論理和 "∥"，否定 "!"）等を利用すること。

「q2-3a.c」

```
/* code: q2-3a.c    (v1.16.00) */
#include <stdio.h>

int main ()
{
  int a;
  a = 3;
  switch (a) {
  case 0:
  case 1:
  case 2:
    printf ("A\n");
    break;
  case 3:
  case 4:
    printf ("B\n");
    break;
```

```
    default:
      printf ("ERROR: invalid number\n");
      break;
  }

  return 0;
}
```

「出力」

```
B
```

解答例

（解2.1）

「q2-1.c」

```
/* code: q2-1.c   (v1.16.00) */
#include <stdio.h>

int main ()
{
  int x, y;

  printf ("enter X: ");
  scanf ("%d", &x);
  printf ("enter Y: ");
  scanf ("%d", &y);

  printf ("X = %d\n", x);
  printf ("Y = %d\n", y);

  if (x > y) {
    printf ("X is greater than Y.\n");
  }
  else {
```

38

```c
    printf ("X is less than or equal to Y.\n");
  }

  return 0;
}
```

「出力」

```
enter X: 50
enter Y: 30
X = 50
Y = 30
X is greater than Y.
```

コード q2-1：if-else 文と scanf 関数（この例では50と30を入力。）

（解2.2）　コード q2-2のような例が考えられる。別の方法としては tolower 関数や toupper 関数の利用も考えられる。

「q2-2.c」

```c
/* code: q2-2.c   (v1.16.00) */
#include <stdio.h>

int main ()
{
  char grade;

  grade = 'b';

  switch (grade) {
  case 'a':
  case 'A':
    printf ("excellent\n");
    break;
  case 'b':
  case 'B':
    printf ("good\n");
    break;
  case 'c':
  case 'C':
    printf ("fair\n");
```

```
      break;
    case 'd':
    case 'D':
      printf ("barely passing¥n");
      break;
    case 'f':
    case 'F':
      printf ("not passing¥n");
      break;
    default:
      printf ("ERROR: invalid character¥n");
      break;
    }
    printf ("Your grade is %c¥n", grade);
    return 0;
}
```

「出力」

```
good
Your grade is b
```

コード q2-2：switch 文の例

（解2.3）　if-else 文の条件文の中で，論理演算子 " ‖ " が利用されていることに注意。

「q2-3.c」

```
/* code: q2-3.c   (v1.16.00) */
#include <stdio.h>

int main ()
{
  int a;
  a = 3;

  if (a == 0 || a == 1 || a == 2) {
    printf ("A¥n");
  }
```

```
  else if (a == 3 || a == 4) {
    printf ("B\n");
  }
  else {
    printf ("ERROR: invalid number\n");
  }

  return 0;
}
```

「出力」

```
B
```

コードq2-3：if-else文と論理演算子

┌─ コラム ─ C言語の規格 ─────────────────┐

　C言語の規格には様々なものがある。標準化がなされる以前には，カーニハンとリッチーらの著書が実質的な標準として利用され，これはK&Rとして知られている。ISO（International Organization for Standardization）やANSI（American National Standards Institute）はC言語の規格の標準化を行い，これまでにC89，C90，C99，C11（C2011），C18などの規格がある。

└────────────────────────────────┘

3 | ループの仕組み

《**目標とポイント**》 コンピュータは大量の繰り返しの計算を高速かつ正確に
こなすことができる。プログラミングにおいて，何らかの命令を繰り返し実
行する処理は非常に重要である。ループ（loop）はこのような計算を実行す
るために使われる。ループとは，ある条件が満たされるまで，繰り返し実行
される一連の命令のことである。

《**キーワード**》 繰り返し，ループ，入れ子型ループ，無限ループ，for 文，
while 文，do-while 文，for 文と while 文の変換

1. for ループ

　ループ（loop）とは，ある条件が満たされるまで，繰り返し実行され
る一連の命令のことである。for 文はプログラムの命令をある条件が満
たされるまで繰り返し実行することができる。そして，for 文は多くの
プログラミング言語で利用することができる。

1.1 for 文の形式

　C 言語の場合，for 文の形式は図3-1のようになる。for 文は，初期文
（initialization），条件文（condition），反復文（counter；または，
loop），本文（body statement）を記述するようになっている。多くの
プログラミング言語で for 文を利用することができるが，プログラミン
グ言語によってその形式は異なる。

```
for (  初期文;   条件文;   反復文  )
  本文;
```

図3-1　for文の形式

　コード3.1は，for文の簡単な例である。このプログラムは0から9ま
での数字を表示する。for文を順番に見ていくと，初期文が"i=0"となっ
ており，iという変数の値に0が代入されて初期化される。条件文では，
"i<10"という式がある。反復文では，"i++"という式があり，変数i
に値1が加算される。変数iが10より小さい値ならば，printf関数によっ
て標準出力に変数iの値が表示される。

　なお，条件文を変更して"i<1000"とすれば，簡単に0から999まで
の数字を表示するコードになる。for文を使わずに同等の処理をprintf
関数だけで実現しようとすれば，printf関数を1000個並べることになり，
コードを繰り返し実行するfor文が大変便利であることがわかる。

[ex3-1.c]

```c
/* code: ex3-1.c   (v1.16.00) */
#include <stdio.h>

int main ()
{
  int i;

  for (i = 0; i < 10; i++)
    printf ("%d ", i);

  return 0;
}
```

[出力]

```
0 1 2 3 4 5 6 7 8 9
```

コード3.1：0から9までの数字を表示するfor文のプログラム

for文で複数の命令を繰り返したい場合には，図3-2のように波括弧 "{ }" を利用したブロック文を用いる。（なお，C言語の書籍によっては，単一の命令を繰り返したい場合でも，波括弧 "{ }" を利用した方が，コードが追加されて複数の命令となったときにミスを起こしにくいため，波括弧 "{ }" の利用を勧めている場合もある。）

コード3.2は，"%" を利用したモジュロ演算（modulo arithmetic）によってiの値が偶数（even number）のときはeven，奇数（odd number）のときはoddを表示する。（ただし，この例では偶数を2で割り切れる整数とし，0も偶数として扱っている。）

```
for (  初期文;  条件文;  反復文  ) {
   本文0;
   本文1;
    ・・・
   本文n;
}
```

図3-2 for文の形式とブロック文

[ex3-2.c]

```
/* code: ex3-2.c   (v1.16.00) */
#include <stdio.h>

int main ()
{
   int i;
```

44

```
  for (i = 0; i < 10; i++) {
    printf ("%d", i);
    if (0 != (i % 2))
      printf (":odd ");
    else
      printf (":even ");
  }

  return 0;
}
```

[出力]

```
0:even 1:odd 2:even 3:odd 4:even 5:odd 6:even 7:odd 8:even 9:odd
```

コード3.2：0から9までの数字を表示し偶数（even）か奇数（odd）かを区別するプログラム

1.2　for文の入れ子型ループ

　コード3.3は，for文によるループの中に，さらに別のfor文のループを含む例である。このようなループは，入れ子型ループ（nested loop）と呼ばれる。このコードは，九九表の表示を行う。外側ループではfor文によって変数iが1から9まで増加する，同様に，内側のループではfor文によって変数jが1から9まで増加する。なお，コード3.3のようなループは，2重の入れ子型ループであることから単純に2重ループと呼ばれることも多い。なお，このような入れ子型のループの場合，コード3.3のように内側のループは，スペースやタブを挿入して命令をインデント化（indented）してコードの構造を見やすくする書き方が一般的である。

[ex3-3.c]

```
/* code: ex3-3.c    (v1.16.00) */
#include <stdio.h>
```

```
int main ()
{
  int i, j;

  for (i = 1; i < 10; i++) {
    for (j = 1; j < 10; j++) {
      printf ("%02d ", i * j);
    }
    printf ("\n");
  }

  return 0;
}
```

[出力]

```
01 02 03 04 05 06 07 08 09
02 04 06 08 10 12 14 16 18
03 06 09 12 15 18 21 24 27
04 08 12 16 20 24 28 32 36
05 10 15 20 25 30 35 40 45
06 12 18 24 30 36 42 48 54
07 14 21 28 35 42 49 56 63
08 16 24 32 40 48 56 64 72
09 18 27 36 45 54 63 72 81
```

コード3.3：入れ子型のfor文を利用した九九表の表示

1.3　for文の無限ループ

　無限ループ（infinite loop）では，一連の命令が無限に繰り返し実行される。コード3.4は，for文を使った無限ループの例である。初期文，条件文，反復文に何も記述されていないため，ループの本文が無限に実行される。本文で変数iが1ずつ増加し，その値が標準出力へ表示される。（このようなプログラムをUNIXの端末（terminal）のような環境で実行した場合，キーボードからの"CTRL-c"によるプログラムの強制終了や，killコマンドによるプロセス終了が必要となる。）コード3.4のように，無限ループは意図的にプログラムで作ることができるが，特

殊な例を除いて通常のコードで無限ループが積極的に使われることは少なく，無限ループは，ループの条件文のバグ等によって引き起こされる場合が多い。なお，無限ループといっても，ループ内でメモリを消費するようなコードであれば，いずれエラーで停止する。

[ex3-4.c]

```
/* code: ex3-4.c    (v1.16.00) */
#include <stdio.h>

int main ()
{
  int i;

  i = 0;
  for (;;) {
    printf ("%d ", i);
    i++;
  }
  return 0;
}
```

[出力]

```
0 1 2 3 4 5 6 7 8 9 10 11 12 以降省略
```

コード3.4：for文を利用した無限ループのプログラム例

2. while文

while文は，ある条件が満たされている間は，命令を繰り返し実行することができる。

2.1 while文の形式

C言語の場合はwhile文の形式は図3-3のようになる。while文は，条

件文，本文を記述するようになっている。コード3.5の例では，変数iに0が代入される。そして，while文によって，条件文"i<10"が真の間は，本文のprintf関数が実行される。変数iは，1ずつ増加している。この例では0から9までの値が標準出力へ表示される。

　この例では，while文の前で変数iの値を0で初期化している。一般的な商用Cコンパイラの場合，整数である変数iの値は，宣言した場所で自動的に0に初期化されるため，これは不要な処理に見えるが，初期のPascal等のプログラミング言語など，0などの値で初期化を保障していないプログラミング言語も多数あるので，変数を利用する前に初期化を行うスタイルが一般的に望ましいとされている。（コンパイラによっては，変数の初期化をしないままでの利用に対して警告を出すものもある。）

```
while (　条件文　)
  本文;
```

図3-3　while文の形式

[ex3-5.c]

```c
/* code: ex3-5.c   (v1.16.00) */
#include <stdio.h>

int main ()
{
  int i;

  i = 0;
  while (i < 10)
    printf ("%d ", i++);

  return 0;
}
```

48

[出力]

```
0 1 2 3 4 5 6 7 8 9
```

コード3.5：0から9までの数字を表示するwhile文のプログラム

　while文で複数の命令を繰り返したい場合には，図3-4のように波括弧
"{ }"を利用したブロック文を用いる。コード3.6は，コード3.5と同じ
動作をするが，コード3.6では，printf関数の命令と変数値の増加 "i++"
の命令が2つの文に分けられている。

```
while (   条件文   ) {
   本文0;
   本文1;
   ・・・
   本文n;
}
```

図3-4　while文の形式とブロック文

[ex3-6.c]

```
/* code: ex3-6.c   (v1.16.00) */
#include <stdio.h>

int main ()
{
   int i;

   i = 0;
   while (i < 10) {
     printf ("%d ", i);
     i++;
   }
   return 0;
}
```

[出力]

```
0 1 2 3 4 5 6 7 8 9
```

コード3.6：while文で0から9までの数字を表示する

2.2　do-while文の形式

　図3-5のdo-while文は図3-3のwhile文と類似している。この２つの文の異なる点は，do-while文の場合，本文が先に実行され，その後に条件文が評価されることである。

```
do
   本文;
while (   条件文   );
```

図3-5　do-while文の形式

　do-while文で複数の命令を繰り返したい場合には，図3-6のように波括弧 "｛ ｝" を利用したブロック文を用いる。

```
do {
   本文0;
   本文1;
    ・・・
   本文n;
} while (   条件文   );
```

図3-6　do-while文の形式とブロック文

　do-while文は，構造からもわかるように，本文が少なくとも１回は実行される必要があるプログラムを作成するときに便利である。コード3.7

は，0から9までの数字を表示するdo-while文のコードである。

[ex3-7.c]

```
/* code: ex3-7.c   (v1.16.00) */
#include <stdio.h>

int main ()
{
  int i;

  i = 0;
  do {
    printf ("%d ", i);
    i++;
  } while (i < 10);

  return 0;
}
```

[出力]

```
0 1 2 3 4 5 6 7 8 9
```

コード3.7：do-while文で0から9までの数字を表示する

2.3 while文の入れ子型ループ

　コード3.8は，for文のコード3.3の九九表示をwhile文に書き換えたものである。

[ex3-8.c]

```
/* code: ex3-8.c   (v1.16.00) */
#include <stdio.h>

int main ()
{
  int i, j;

  i = 1;
```

```
  while (i < 10) {
    j = 1;
    while (j < 10) {
      printf ("%02d ", i * j);
      j++;
    }
    printf ("¥n");
    i++;
  }

  return 0;
}
```

[出力]

```
01 02 03 04 05 06 07 08 09
02 04 06 08 10 12 14 16 18
03 06 09 12 15 18 21 24 27
04 08 12 16 20 24 28 32 36
05 10 15 20 25 30 35 40 45
06 12 18 24 30 36 42 48 54
07 14 21 28 35 42 49 56 63
08 16 24 32 40 48 56 64 72
09 18 27 36 45 54 63 72 81
```

コード3.8：入れ子型のwhile文を利用して九九表の表示をする

2.4　while文の無限ループ

　コード3.9はwhile文による無限ループのコードである。条件文が1になっているため，常に真であるので無限ループとなる。

[ex3-9.c]

```
/* code: ex3-9.c    (v1.16.00) */
#include <stdio.h>

int main ()
{
  int i;
```

```
  i = 0;
  while (1) {
    printf ("%d ", i);
    i++;
  }

  return 0;
}
```

[出力]

0 1 2 3 4 5 6 7 8 9 10 11 12 以降省略

コード3.9：while文による無限ループのプログラム

2.5 break文とcontinue文

　while文では，条件文が偽となるとループが終了する。しかし，break文を利用すると，break文を使用した場所でループを終了させることができる。breakとは，「継続しているものを遮断する」「脱する」という意味の英語である。コード3.10は，break文の使用例である。このコードでは，while文の無限ループによって，変数iが増加していくが，変数iの値が5になったところで，変数iに0が代入され，break文が実行される。これによって，while文から脱してプログラムが終了する。コード3.11に示すcontinue文の動作と比較して欲しい。

[ex3-10.c]

```
/* code: ex3-10.c   (v1.16.00) */
#include <stdio.h>

int main ()
{
  int i;

  i = 0;
```

```
  while (1) {
    printf ("%d ", i);
    if (i == 5) {
      i = 0;
      break;
    }
    i++;
  }

  return 0;
}
```

[出力]

```
0 1 2 3 4 5
```

コード3.10：break文を利用したプログラム例

　continue文は，continue文が使用された場所でループ処理が中断し，ループの条件文が評価される。そして，条件文が真であればループ本文の先頭の命令から実行が行われる。continueは「継続する」「続ける」という意味の英語である。コード3.11は，continue文の使用例である。このコードでは，while文の無限ループによって，変数iが増加していくが，変数iの値が5になったところで，変数iに0が代入され，continue文が実行される。ここでループ処理が中断しループの条件文が評価される。条件文は1であり常に真であるから，再びループ本文の先頭から命令が実行される。つまり，このコードは0から5までの数字を繰り返し表示し続ける。

[ex3-11.c]

```
/* code: ex3-11.c   (v1.16.00) */
#include <stdio.h>
```

```
int main ()
{
  int i;

  i = 0;
  while (1) {
    printf ("%d ", i);
    if (i == 5) {
      i = 0;
      continue;
    }
    i++;
  }

  return 0;
}
```

[出力]

0 1 2 3 4 5 0 1 2 3 4 5 0 1 2 3 4 5　以降省略

コード3.11：continue文を利用したプログラム例

3. for文とwhile文の変換

　図3-7はfor文とwhile文の形式を表したものである。図のように，初期文，条件文，反復文，本文の配置を変えることによって，for文のコードをwhile文のコードへ，あるいは，while文のコードをfor文のコードへ変換することが可能である。つまり，変換によって，同じ動作をするコードを作成することができる。一般的には，ループの処理に入る前に何回，本文の命令を繰り返すか判明しているような場合はfor文が使われることが多い。それに対して，ループの終了条件が本文の命令で決定され，ループの終了の条件が予期しにくい場合，例えば，終了条件がキーボードの入力などに依存するような場合にはwhile文が使われることが多い。

```
for （ 初期文； 条件文； 反復文 ） {      初期文；
    本文；                             while （ 条件文 ） {
}                                          本文；
                                           反復文；
                                       }
```

図3-7　for文（左）とwhile文（右）の変換

56

演習問題

【問題】

（問3.1）　コード3.1を変更し，0から99までの数字を表示するようにしなさい。

（問3.2）　コード3.1を変更し，0から9までの数字を表示するようにしなさい。ただし，数字は降順になるようにすること。(例：9，8，7，…，2，1，0）

（問3.3）　コード3.1を変更し，for文によるコードを，while文を使ったコードに変更しなさい。

（問3.4）　以下のコード（q3-4.c）を実行したときの出力を答えなさい。

[q3-4.c]

```
/* code: q3-4.c   (v1.16.00) */
#include <stdio.h>

int main ()
{
  int i, j, k;

  for (i = 0; i < 2; i++) {
    for (j = 0; j < 2; j++) {
      for (k = 0; k < 2; k++) {
        printf ("%d %d %d", i, j, k);
```

```
        printf ("¥n");
      }
    }
  }

  return 0;
}
```

（問3.5）　以下のコード（q3-5.c）を実行したときの出力を答えなさい。

[q3-5.c]

```
/* code: q3-5.c    (v1.16.00) */
#include <stdio.h>

int main ()
{
  int i, j, k;

  for (i = 0; i < 2; i++) {
    for (j = 0; j < 2; j++) {
      for (k = 0; k < 2; k++) {
        printf ("%d ", i * j + k);
      }
    }
  }

  return 0;
}
```

58

解答例

（解3.1）

[q3-1.c]

```
/* code: q3-1.c   (v1.16.00) */
#include <stdio.h>

int main ()
{
  int i;

  for (i = 0; i < 100; i++)
    printf ("%d ", i);

  return 0;
}
```

[出力]

```
0 1 2 3 4 5 6 7 8 9 10 11 12 13 14 15 16 17 18 19 20 以降省略
```

（解3.2）

[q3-2.c]

```
/* code: q3-2.c   (v1.16.00) */
#include <stdio.h>

int main ()
{
  int i;

  for (i = 9; i >= 0; i--)
    printf ("%d ", i);

  return 0;
}
```

[出力]

```
9 8 7 6 5 4 3 2 1 0
```

（解3.3）

[q3-3.c]

```
/* code: q3-3.c    (v1.16.00) */
#include <stdio.h>

int main ()
{
  int i;

  i = 0;
  while (i < 10) {
    printf ("%d ", i);
    i++;
  }

  return 0;
}
```

[出力]

```
0 1 2 3 4 5 6 7 8 9
```

（解3.4）　変数i, j, kの値の変化に注意すること。

[出力]

```
0 0 0
0 0 1
0 1 0
0 1 1
1 0 0
1 0 1
1 1 0
1 1 1
```

（解3.5）　変数i, j, kの値の変化に注意すること。

[出力]

```
0 1 0 1 0 1 1 2
```

4 | ループの応用

《目標とポイント》　ループを応用したプログラムの例として，モンテカルロ法による円周率 π の計算シミュレーションについて学習する。また，アルゴリズムの動作に必要な資源の量を評価する計算量について考える。アルゴリズムの速度を比較するための方法として，ビッグ・オー記法について学習する。
《キーワード》　モンテカルロ法，円周率，計算量，時間計算量，空間計算量，ビッグ・オー記法，関数の増加率

1.　モンテカルロ法

　モンテカルロ法（Monte Carlo method）は，乱数（random number）を利用した確率的な数値計算シミュレーション（simulation）によって問題の近似解等を求める方法である。モンテカルロ法という名称は，モナコ公国（Principality of Monaco）のカジノで知られるモンテカルロという都市名に由来している。カジノでギャンブルを行いその結果を記録していく方法に似ていることからこの名前がついている。

　モンテカルロ法を用いた有名なプログラムの例として円周率 π を求めるものがある。このプログラムでは，ループを利用して大量の乱数を発生させながら，数値計算シミュレーションが行われる。

　図4-1のような半径 r が 1 の円とそれを取り囲む辺の長さが 2 の正方形とがあるとする。

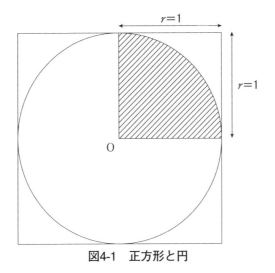

図4-1　正方形と円

　図4-1の正方形を 4 分割した一部分を拡大したものが図4-2である。ここで，図4-2の図形に対して点をランダムにうっていくことを考える。

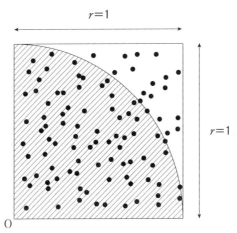

図4-2　4分割された正方形の領域にランダムに点をうつ

4分割された円の面積をA_{circle}とし，1×1の正方形の面積をA_{square}とすると，図4-2で点が斜線の部分にうたれる確率 p は以下の式で表される。円の面積を求める公式はπr^2となることから，半径 $r = 1$ とすると円の面積はπ となる。4分割された円の面積は$\pi \div 4$である。

$$p = \frac{A_{circle}}{A_{square}} = \frac{\frac{1}{4}\pi r^2}{r^2} = \frac{\pi}{4}$$

ここで，式を変形し，πを求めると以下のような式となる。そして，p はランダムにうたれた点の数の比率（$A_{circle} \div A_{square}$）を計算することによって求めることができる。

$$\pi = 4p = 4 \times \frac{A_{circle}}{A_{square}}$$

2. モンテカルロ法による円周率計算のプログラム

モンテカルロ法による円周率計算をプログラムでシミュレーションするには，点の座標値（x,y）を乱数として発生させ，A_{circle}の部分にうたれる点の個数とA_{square}の部分にうたれる点の個数を求めれば，円周率を求めることができる。

コード4.1は，モンテカルロ法により円周率πを求めるコードである。コードでは，0以上RAND_MAX以下の数値を発生させるrand関数（0≦rand( )≦RAND_MAX）を式に代入して，0以上1未満となるような乱数を発生させている。乱数は1000個の点の座標値（x,y）として使われ，A_{circle}の部分にうたれる点なのか，A_{square}の部分にうたれる点なのかを判定し，その合計数を求めている。このコードの実行例では，A_{circle}の部

分にうたれる点が783個，A_{square}の部分にうたれる点が1000個となり，円周率が3.132000と計算される。

[ex4-1.c]

```
/* code: ex4-1.c   (v1.16.00) */
#include <stdio.h>
#include <stdlib.h>

#define POINTS 1000

int main ()
{
  int i, count, points;
  double x, y, q;
  double pi;

  points = POINTS;
  count = 0;

  for (i = 0; i < points; i++) {
    x = (double) rand () / ((double) RAND_MAX + 1.0);
    y = (double) rand () / ((double) RAND_MAX + 1.0);
    q = (x * x) + (y * y);

    if (q <= 1.00)
      count++;
  }

  pi = (double) count / (double) points *(double) 4.00;
  printf ("circle: %d¥t", count);
  printf ("square: %d¥t", points);
  printf ("PI: %f¥n", pi);

  return 0;
}
```

[出力]

```
circle: 783  square: 1000  PI: 3.132000
```

コード4.1：モンテカルロ法により円周率πを求める

　理論的には，シミュレーションに用いる点の個数が増加すれば，より精度の高い円周率を得ることができる。コード4.2は，コード4.1のコードを拡張し，シミュレーションに利用する点の個数を変化させながら円周率を求めるプログラムになっている。コードではforループが増えて，点の数を変化させている。点の数が10個から10倍ずつ増加して最終的には，点の数が1,000,000,000個（10億個）になるシミュレーションである。出力結果からもわかるように，シミュレーションに利用される点の数が増加するに従って，より正確な円周率に近づく傾向が見られることがわかる。点の数が10個のときは，円周率は3.200000と計算されるが，点の数が1,000,000,000個（10億個）のときは，3.141604になっている。点の数が多くなれば計算結果を得るまでに時間がかかる。定数であるM_PIには円周率の値が定義（math.h）されている。コード4.2を実行した場合，Intel Core i7-4790K（Linux x86_64）で約15秒弱の計算時間が必要であった。なお，システムによって乱数生成アルゴリズムが違うため異なる計算結果となる。

[ex4-2.c]

```
/* code: ex4-2.c    (v1.16.00) */
#include <stdio.h>
#include <stdlib.h>
#include <math.h>

int main ()
{
  int i, j, count, points;
  double x, y, q;
  double pi;

  for (j = 1; j < 10; j++) {
    points = 1;
    count = 0;
    points = points * pow (10, j);
    for (i = 0; i < points; i++) {
```

```
      x = (double) rand () / ((double) RAND_MAX + 1.0);
      y = (double) rand () / ((double) RAND_MAX + 1.0);
      q = (x * x) + (y * y);
      if (q <= 1.00)
      count++;
    }
    pi = (double) count / (double) points *(double) 4.00;
    printf ("circle: %10d¥t", count);
    printf ("square: %10d¥t", points);
    printf ("PI: %f (%+f)¥n", pi, (pi - M_PI));
  }
  return 0;
}
```

[出力]

```
circle:         8   square:          10   PI: 3.200000  (+0.058407)
circle:        78   square:         100   PI: 3.120000  (−0.021593)
circle:       789   square:        1000   PI: 3.156000  (+0.014407)
circle:      7917   square:       10000   PI: 3.166800  (+0.025207)
circle:     78472   square:      100000   PI: 3.138880  (−0.002713)
circle:    785480   square:     1000000   PI: 3.141920  (+0.000327)
circle:   7852247   square:    10000000   PI: 3.140899  (−0.000694)
circle:  78542744   square:   100000000   PI: 3.141710  (+0.000117)
circle: 785401023   square:  1000000000   PI: 3.141604  (+0.000011)
```

コード4.2：モンテカルロ法により円周率を求める（π≈3.1415926535。）

　なお，これらのコードでは汎用的な擬似乱数であるrand関数を用いている。しかし，rand関数による乱数の質はコンパイラの実装に依存しており，非常に古いコンパイラによっては乱数の質が良くない場合がある。そのため，厳密なシミュレーションを行うためには，Unix系のシステムであれば，線形合同アルゴリズムと48ビット整数演算に基づくdrand48等の関数群の利用，非線形加法フィードバックに基づくrandom関数を利用，あるいは，他の高品質な擬似乱数生成器（pseudorandom number generators；PRNGs）の利用が望ましい。

3. 計算量

　計算量（computational complexity）とはアルゴリズムの動作に必要
な資源の量を評価するものである。計算量には，時間計算量（time
complexity）と空間計算量（space complexity）がある。通常，単に計
算量といえば時間計算量のことを示す。時間計算量では，計算に必要な
ステップ数を評価する。複数のアルゴリズムがあって，その評価を行う
場合,計算時間はコンピュータの処理能力によって異なるため,入力デー
タの大きさに対する基本演算のステップ回数で比較する必要がある。空
間計算量は，領域計算量と呼ばれることもあり，計算に必要とされるメ
モリ量を評価する。

　計算機科学の分野では，アルゴリズムの速度を比較するための方法と
して，ビッグ・オー記法（big O notation；ビッグ・オー・ノーテーショ
ン）が使われる。"O"は，オーダー（order）の意味である。ビッグ・オー
記法によって，データの数と実行時間の関係を表現することができる。
例えば，7章の配列の線形探索は，n個のデータに対して，計算量$O(n)$
の時間がかかる。配列の二分探索の場合は計算量 $O(\log n)$である。デー
タ数とそれを処理するのに必要な時間の関係には，様々なクラスのもの
があり，表4-1はその代表的な例である。図4-3は代表的な関数の増加率

表4-1　様々な関数における増加率

定数時間（constant time）	1
対数時間（logarithmic time）	$\log n$
線形時間（linear time）	n
対数線形時間（log linear time），準線形時間（quasilinear time）	$n \log n$
二乗時間（quadratic time）	n^2
三乗時間（cubic time）	n^3
多項式時間（polynomial time）	$n^k \ (k>1)$
指数関数時間（exponential time）	$2^n, \ n^n, \ n!$

$n! \approx (n \div 2.56)^n$ (Stirling's approximation)

をグラフ化したものである。わずかなnの増加で指数関数は非常に大きな値となることがわかる。

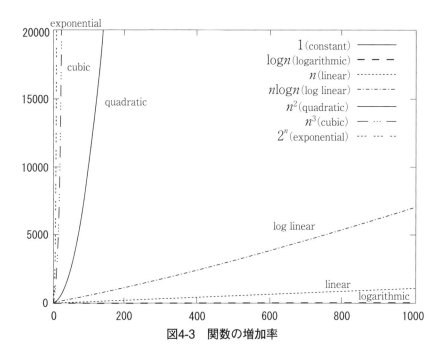

図4-3　関数の増加率

表4-2　関数の増加率の例

nの値	$\log_2 n$	n	$n\log_2 n$	n^2	n^3	2^n
10	3.32192	10	33.2192	100	1000	1024
100	6.64385	100	664.385	10000	1000000	1.2676506e+30
1000	9.96578	1000	9965.78	1000000	1000000000	1.071509e+301
10000	13.28771	10000	132877.1	100000000	1e+12	INF.　※

※約300万桁の大きな数

68

演習問題

【問題】

(問4.1)　モンテカルロ法について簡単に説明しなさい。

(問4.2)　以下のビッグ・オー記法を関数増加率の大きさで小さい順に
並べなさい。ただし，cは定数，"！"は階乗を表し，nは非常
に大きな値とする。

　O($\log n$)，O(n)，O($n\log n$)，O(c)，O(n^c)，O($n!$)

(問4.3)　C言語の標準ライブラリ（stdlib.h）に定義されているrand関
数とsrand関数について調べなさい。

(問4.4)　チャレンジ問題 円周率を求めるアルゴリズムにはどのよう
なものがあるか調査しなさい。

(問4.5)　チャレンジ問題 円周率計算を利用してCPUの演算速度を測
るソフトウェアがある。一般的なコンピュータで，約100万桁の
円周率を求めるのにかかる時間を調査しなさい。例「スーパー
π（東京大学，金田研究室のπ計算プログラム）」などがある。

解答例

（解4.1） モンテカルロ法（Monte Carlo method）は，乱数を利用した確率的な数値計算シミュレーションによって問題の近似解等を求める方法である。

（解4.2） $O(c) < O(\log n) < O(n) < O(n \log n) < O(n^c) < O(n!)$

（解4.3） rand 関数は擬似乱数（pseudo-random number）を発生させる。srand関数はrand関数で返される擬似乱数の乱数種（seed）を設定する。srand関数を同一の乱数種の値で呼び出した場合，rand 関数から同じ擬似乱数列が生成される。

（解4.4） 級数展開による方法，アルキメデスの方法（正多角形による方法）などがある。

（解4.5） 例としてIntel Core i7-4790K（4.00 GHz）というCPUでは，円周率104万桁が約8秒，1677万桁が約3分28秒であった。なお，マルチスレッド等を利用した計算により，高速に円周率を求めるソフトウェアなど，円周率を求めるソフトウェアは多数存在する。

5 | 関　　数

《目標とポイント》　頻繁に使うコードは関数として1つのコードにまとめると繰り返し利用することが可能になり便利である。関数の"引数"と"戻り値"について学習し，"値渡し"と"参照渡し"の違いについて考える。さらに，関数などが自分自身を呼び出し実行する"再帰呼び出し"の概念について学ぶ。
《キーワード》　関数，スコープ，引数，戻り値，値渡し，参照渡し，再帰，終了条件

1. 関　　数

　頻繁に使うコードは関数（function）として1つのコードにまとめると繰り返し利用することが可能になり便利である。構造化言語（structured language）において，関数は構造化を実現する上で重要な役割を果たしており，関数は多くのプログラミング言語で利用することができる。プログラミング言語によっては，関数の機能を果たすものは，サブルーチン（subroutine），プロシージャ（procedure）とも呼ばれることもある。

1.1　プログラムコードの関数化
　コード5.1は，0から9までの数値を表示する例である。このコードでは3回，0から9までの数値を表示するfor文が含まれており，冗長なコードとなっている。

[ex5-1.c]

```
/* code: ex5-1.c    (v1.16.00) */
#include <stdio.h>

int main ()
{
  int i;

  for (i = 0; i < 10; i++)
    printf ("%d ", i);
  printf ("\n");

  for (i = 0; i < 10; i++)
    printf ("%d ", i);
  printf ("\n");

  for (i = 0; i < 10; i++)
    printf ("%d ", i);
  printf ("\n");

  return 0;
}
```

[出力]

```
0 1 2 3 4 5 6 7 8 9
0 1 2 3 4 5 6 7 8 9
0 1 2 3 4 5 6 7 8 9
```

コード5.1：0から9までの数値を表示する

　それに対し，コード5.2はコード5.1と同様の処理をするが，0から9までの数値を表示するprint_numbersという関数が使用されている。そのため，コード5.1よりも簡潔なコードになっている。

[ex5-2.c]

```
/* code: ex5-2.c    (v1.16.00) */
```

```
#include <stdio.h>

void print_numbers (void)
{
  int i;

  for (i = 0; i < 10; i++)
    printf ("%d ", i);
  printf ("¥n");
}

int main ()
{
  print_numbers ();
  print_numbers ();
  print_numbers ();
  return 0;
}
```

[出力]

```
0 1 2 3 4 5 6 7 8 9
0 1 2 3 4 5 6 7 8 9
0 1 2 3 4 5 6 7 8 9
```

コード5.2： 関数を利用して0から9までの数値を表示する

　C言語の場合，"main"も関数の一つであり，これはコードの初めに呼ばれる特殊な関数である。コード5.3の例では，main関数から呼び出されるprint_numbers関数の本体が，main関数よりも後に記述されている。このような場合，C言語では，関数プロトタイプ(function prototype)が必要となる。関数プロトタイプは，関数の宣言であり，関数の戻り値の型，関数の引数の型，関数の引数の数などの情報を記述する。プログラムの先頭であらかじめ関数の型や引数の型を宣言しておくことによって，暗黙の型変換によるコンパイル時のあいまいさを無くすことができる。このコード例では，main関数より前の部分に，print_numbers関数の関数プロトタイプが記述されている。（関数を

main関数よりも前に記述する場合，関数プロトタイプの宣言は省略が可能であるが，バグ防止などの点から関数プロトタイプの宣言を強く推奨している書籍は多い。)

　C言語のライブラリに含まれる様々な数値計算の関数や文字列処理の関数等にも，関数プロトタイプに関する情報があり，通常，これらの情報がヘッダファイルに記述されている。例えば，平方根を求めるsqrt関数の関数プロトタイプは，double sqrt（double）; であり，math.hというヘッダファイルに関数プロトタイプ等の記述がある。そのため，#include <math.h>　という命令でヘッダファイルをインクルード（含める，挿入）する。

[ex5-3.c]

```
/* code: ex5-3.c   (v1.16.00) */
#include <stdio.h>

void print_numbers (void);

int main ()
{
  print_numbers ();
  print_numbers ();
  print_numbers ();
  return 0;
}

void print_numbers (void)
{
  int i;

  for (i = 0; i < 10; i++)
    printf ("%d ", i);
  printf ("¥n");
}
```

[出力]

```
0 1 2 3 4 5 6 7 8 9
```

74

```
0 1 2 3 4 5 6 7 8 9
0 1 2 3 4 5 6 7 8 9
```

コード5.3： 関数プロトタイプ

1.2 関数とスコープ

　変数にはスコープ（scope）と呼ばれる属性がある。変数のスコープ
とは，変数が有効であるコードの範囲のことである。スコープの範囲の
違いによって，グローバル変数（global variable）とローカル変数(local
variable)がある。グローバル変数では，コードのすべての範囲で変数が
有効である。ローカル変数では，ローカル変数が宣言されたブロック内
の範囲だけで変数が有効である。コード5.4では，関数fと関数gの中で
は，同じ変数名iが使われているが，それぞれの関数でスコープが異な
るため，このコードは，"a"という文字を標準出力へ15回表示する。

[ex5-4.c]

```
/* code: ex5-4.c   (v1.16.00) */
#include <stdio.h>

void g (void)
{
  int i;
  for (i = 0; i < 3; i++) {
    printf ("a");
  }
}

void f (void)
{
  int i;
  for (i = 0; i < 5; i++) {
    g ();
  }
}
```

```
int main ()
{
  f ();
  return 0;
}
```

[出力]

```
aaaaaaaaaaaaaaaa
```

コード5.4： スコープと関数

なお，同じ変数名のグローバル変数とローカル変数を宣言することも
できるが，ローカル変数が宣言されているブロック内では，グローバル
変数が隠れてしまい，ブロック内ではローカル変数が優先される。グロー
バル変数と同じ変数名のローカル変数を宣言するときは注意しなくては
ならない。コンパイラによっては，このような変数の宣言をすると警告
を出すものもある。

2. 引数，戻り値，値渡し，参照渡し

前節のコード5.1は，頻繁に使うコードを1つの関数にまとめて，関
数を繰り返し呼び出すという単純なものであった。本節では，より複雑
な関数の例を考える。

2.1 引数と戻り値

引数（parameter；ひきすう；いんすう）は，実引数（argument；
actual argument；じつひきすう）と仮引数（parameter; formal
parameter；かりひきすう）の2つがある。実引数とは関数に渡す値の
ことである。関数の中で引数の値を受け取る変数は仮引数という。戻り
値（return value）とは関数が返す値である。

　コード5.5は三角形の面積を求める関数の例で，入門的な関数のプログラミング事例として定番のものである。三角形の面積（*area*）は以下の式で求められる。

$$area = \frac{1}{2} \times base \times height$$

　コード5.5の関数は底辺（*base*）と高さ（*height*）の2つのfloat型の引数を持ち，この引数に値が渡されると関数が三角形の面積を計算する。そして，戻り値としてfloat型の面積の値が関数から返される。コード5.5では，3.00と4.00，5.00と6.00が実引数で，関数で宣言されているbaseとheightが仮引数である。

[ex5-5.c]

```
/* code: ex5-5.c   (v1.16.00) */
#include <stdio.h>

float triangle (float base, float height)
{
  float c;
  c = (base * height) / 2.000F;
  return c;
}

int main ()
{
  float t;
  t = triangle (3.00, 4.00);
  printf ("triangle = %f\n", t);
  t = triangle (5.00, 6.00);
  printf ("triangle = %f\n", t);

  return 0;
}
```

[出力]

```
triangle = 6.000000
```

```
triangle = 15.000000
```

コード5.5： 三角形の面積を計算する関数

2.2 "値渡し"と"参照渡し"

　プログラミング言語の引数の値の渡し方には，"値渡し"（pass by value）と"参照渡し"（pass by reference）と呼ばれるものがある。（関数で呼び出すので，call by valueやcall by referenceともいう。）

　"値渡し"は変数のコピーが作成され，値が渡される方法である。つまり，関数内で変数の値が変更されても元の変数の値は変わらない。それに対して，"参照渡し"では，変数そのものを渡すため関数内で変数の値の変更は呼び出した側の変数にも影響して値が変わる。

　コード5.6の例のように，"値渡し"と"参照渡し"の場合では，変数aの出力する値が異なる。

[ex5-6.c]

```c
/* code: ex5-6.c    (v1.16.00) */
#include <stdio.h>

void add_pass_by_value (int i)
{
  i = i + 1;
}

void add_pass_by_reference (int *i)
{
  *i = *i + 1;
}

int main ()
{
  int a;
```

```
  a = 10;
  add_pass_by_value (a);
  printf ("%d¥n", a);

  a = 10;
  add_pass_by_reference (&a);
  printf ("%d¥n", a);

  return 0;
}
```

[出力]

```
10
11
```

コード5.6："値渡し"と"参照渡し"

　C言語では変数のポインタを取得できるため，変数へのポインタを値で渡すことで"参照渡し"と同じ効果がある"アドレス渡し"（pass by address）が可能である。このため，C言語は厳密には"参照渡し"ではないと定義する文献も少なからず存在するが，多くの文献では，これらを区別することなく，本質的には同様の動作を行うものとして扱っている。（つまり，C言語では，関数の引数は値渡しで行われるが，参照渡しは，ポインタの値を渡すことでシミュレートできる。）なお，C++言語では，以下のような参照渡しが可能である。

```
void add_pass_by_reference (int &i)
{
  i = i + 1;
}
```

3. 再帰関数

　再帰呼び出し（recursion call）とは，プログラミング言語の関数や

手続きなどが，自分自身を呼び出し実行することをいう。アルゴリズムの中には，再帰的にプログラムを記述することによって効果的な処理をできるものがある。簡単な再帰のプログラミング例として，しばしば用いられるのが階乗（factorial；かいじょう）の計算である。階乗は1からnまでの自然数の総乗である。階乗はn! で表され，以下の式で定義される。なお，0!=1 と定義されている。

$$n!=\prod_{k=1}^{n}k=n\times(n-1)\times(n-2)\times\cdots\times3\times2\times1$$

　階乗の計算例を以下に示す。nの値が大きくなるに従って急激に数が増加する。

$$1!=1$$
$$2!=2\times1=2$$
$$3!=3\times2\times1=6$$
$$4!=4\times3\times2\times1=24$$
$$\vdots$$
$$10!=10\times9\times8\times7\times6\times5\times4\times3\times2\times1=3{,}628{,}800$$

[ex5-7.c]

```
/* code: ex5-7.c    (v1.16.00) */
#include <stdio.h>

int factorial (int n)
{
  if (n == 0) {
    return 1;
  }
  else {
    return n * factorial (n - 1);
  }
}
```

80

```
int main ()
{
  int i;
  i = 5;
  printf ("%d! = %d\n", i, factorial (i));

  return 0;
}
```

[出力]

```
5! = 120
```

コード5.7：階乗の計算

　コード5.7は，階乗の計算を行うＣ言語によるコードの例である。このコードでは，main関数の中から，factorialという関数が引数5を与えられて呼び出されている。factorialという関数の記述の中には，factorialという関数を"n − 1"という引数で呼び出すようになっている。この再帰関数は，nが0となったとき1を返し，その時点で，factorialという関数を呼び出すのをやめる。そして，制御は関数を呼び出した場所へ戻っていく。その結果，最終的に120という値が出力される。

コラム ポインタとは

- ポインタは変数などのオブジェクトを指すものである。
- "*"間接演算子（indirection operator）は，ポインタを介して値に間接的に参照する。ポインタが指し示すアドレスに格納されている値を参照する演算子である。
- "&"アドレス演算子（address-of operator）は，オペランドのアドレスを与える。変数のアドレスを取得する演算子である。

演習問題

【問題】

（問5.1） 次のコード（q5-1.c）は，どのような値を出力するか答えなさい。

「q5-1.c」

```
/* code: q5-1.c   (v1.16.00) */
#include <stdio.h>

float trapezoid (float a, float b, float h)
{
  float c;
  c = ((a + b) / 2.000F) * h;
  return c;
}

int main ()
{
  float t;
  t = trapezoid (3.00, 4.00, 5.00);
  printf ("trapezoid = %f¥n", t);
  t = trapezoid (5.00, 6.00, 7.00);
  printf ("trapezoid = %f¥n", t);

  return 0;
}
```

（問5.2） 次のコード（q5-2.c）は，どのような値を出力するか答えなさい。

「q5-2.c」

```
/* code: q5-2.c   (v1.16.00) */
#include <stdio.h>

struct student
```

```
{
  int id;
  char grade;
  float average;
};
typedef struct student STUDENT_TYPE;

STUDENT_TYPE initialize_student_record (STUDENT_TYPE s)
{
  s.id++;
  s.grade = 'x';
  s.average = 0.0;
  return s;
}

int main ()
{
  STUDENT_TYPE student;

  student.id = 20;
  student.grade = 'a';
  student.average = 300.000;
   printf ("%d %c %f\n", student.id, student.grade, student.
average);
  student = initialize_student_record (student);
   printf ("%d %c %f\n", student.id, student.grade, student.
average);

  return 0;
}
```

(問5.3)　次の再帰関数のコード（q5-3.c）は，どのような値を出力する
　　　　か答えなさい。

「q5-3.c」

```
/* code: q5-3.c   (v1.16.00) */
#include <stdio.h>

int fibonacci (int n)
{
  if (n == 0) {
```

```
    return 0;
  }
  else if (n == 1) {
    return 1;
  }
  else {
    return (fibonacci (n - 1) + fibonacci (n - 2));
  }
}

int main ()
{
  int i;
  i = 10;
  printf ("fibonacci(%d) = %d\n", i, fibonacci (i));

  return 0;
}
```

(問5.4)　次の再帰関数のコード（q5-4.c）は，どのような値を出力する
　　　　か答えなさい。

「q5-4.c」

```
/* code: q5-4.c    (v1.16.00) */
#include <stdio.h>

void foo (int n)
{
  if (n < 15) {
    foo (n + 1);
    printf ("%d ", n);
  }
}

int main ()
{
  foo (0);
  return 0;
}
```

84

（問5.5） コード5.7の階乗を計算する再帰関数のコードで，"i=5"を変更し，"i=-1"として負の値の整数を引数にして関数を呼び出した場合，どのような問題があるか考えなさい。

解答例

（解5.1） このコード（q5-1.c）は台形（trapezoid）の面積を求めるものである。三角形の面積を求めるコード5.5では，底辺と高さの2つの引数が関数で定義されているが，このコード（q5-1.c）では引数が1つ増えて，上底，下底，高さの3つの引数を持つ。

　なお，C言語では，関数に設定できる引数の数の上限はコンパイラに依存している。C90の規格では31個，C99の規格では127個まで利用できることが保障されている。

「出力」

```
trapezoid = 17.500000
trapezoid = 38.500000
```

（解5.2） このコード（q5-2.c）は引数と戻り値に構造体が使われている関数の例である。

「出力」

```
20 a 300.000000
21 x 0.000000
```

（解5.3）　このコード（q5-3.c）は，フィボナッチ数（Fibonacci number）
を計算する関数の例である。なお，フィボナッチ数列は以下のような数
列である。

0，1，1，2，3，5，8，13，21，34，55，89，144，…以下略

「出力」

```
fibonacci(10) = 55
```

（解5.4）　このコードの出力では値が減少していく。再帰呼び出しfoo
（n+1）がprintf文の前に呼び出されていることに注意。

「出力」

```
14 13 12 11 10 9 8 7 6 5 4 3 2 1 0
```

（解5.5）　この再帰関数では，引数が0より小さい値のとき，無限の再
帰に陥ってしまう。例えば，factorial（−1）が呼び出されると
factorial（−2），factorial（−3），…というように関数は呼び出され
続ける。終了条件に合致することが無いため，"Segmentation fault" な
どのエラーとなる。コンパイラによっては，このコードのループに問題
があることをコンパイル時に警告する場合もある。

6 | 配列の仕組み

《目標とポイント》 配列の仕組みについて学習する。配列の宣言，初期化，配列要素の読み出しや書き込みについて学ぶ。また，多次元配列の仕組みや多次元配列の応用的な使い方について学ぶ。さらにＣ言語における配列を利用した文字列の表現や文字列に関連する関数等の使い方を学習する。

《キーワード》 配列，添字，多次元配列，文字列，ヌル文字，構造体の配列，構造体のポインタ配列

1. 配列の仕組み

コード6.1は，5つの整数の平均値を求める例である。このコードでは，5つの変数a，b，c，d，eが宣言され，それらの変数へ値が代入される。そして，変数の平均（average）が計算され変数avgに代入される。そして，標準出力にその値が表示される。この例のように，同じ型の変数データを多数利用する場合，変数の宣言や取扱いが煩雑になる。宣言する変数の数が多くなれば，プログラマによるコードの間違いなども起こりやすくなる。

[ex6-1.c]

```
/* code: ex6-1.c    (v1.16.00) */
#include <stdio.h>

int main ()
{
```

```
   int a, b, c, d, e;
   int sum, avg;

   a = 30;
   b = 20;
   c = 10;
   d = 25;
   e = 15;
   sum = a + b + c + d + e;
   avg = sum / 5;
   printf ("%d¥n", avg);

   return 0;
}
```

[出力]

```
20
```

コード6.1：　5つの整数の平均値を求める

　このような問題を解決できるのが配列（array；はいれつ）である。
配列は，同じデータ型となる要素を集めたものである。配列の要素を指
定するための通し番号は，添字（index；そえじ）と呼ばれる。図6-1は
配列と添字を示したものである。多くのプログラミング言語では，添字
には整数値が使われる。そして，その値は0や1からスタートする。し
かし，プログラミング言語によっては，例外もあり，−1，−2のよう
に負の値の添字を使うことができるものもある。また，連想配列と呼ば
れるような，整数以外の文字列などの添字を使うことができるプログラ
ミング言語もある。通常，配列の要素には同じデータ型しか使えないが，
異なるデータ型を混ぜて使える配列というものも存在する。

88

図6-1　配列と添字

　C言語では，配列の宣言は図6-2のように行われる。この例では10個の整数型（integer）の要素を持つaという名前の配列を宣言している。

```
int a[10];
```

図6-2　配列の宣言例

　コード6.2は，コード6.1を配列で書き換えたものである。配列の利用によって変数の宣言が簡単になっていることがわかる。また，扱う変数の数が変化した場合でも，配列で使う要素数の宣言を変更するだけで済み，コードの変更も容易である。このコードでは，繰り返しの処理を行うforループがあり，変数iが増加する。この変数は配列の添字になっており，配列の各要素が加算されていき，5つの数の合計が求まる。

[ex6-2.c]

```
/* code: ex6-2.c    (v1.16.00) */
#include <stdio.h>

int main ()
{
  int a[10];
  int i, sum, avg;

  a[0] = 30;
  a[1] = 20;
  a[2] = 10;
  a[3] = 25;
```

```
  a[4] = 15;
  sum = 0;
  for (i = 0; i < 5; i++)
    sum += a[i];

  avg = sum / 5;
  printf ("%d¥n", avg);

  return 0;
}
```

[出力]

```
20
```

コード6.2： 配列を用いて5つの整数の平均値を求める

コード6.3は，コード6.2と同じ動作をする。コード6.3では，配列の初
期化を配列の宣言文の中で行っている。配列の要素となる値は波括弧
"｛ ｝"内に列挙する。要素数が宣言した配列の数より少ない場合は，
列挙した要素以外は初期化されないままになる。逆に列挙した要素が多
い場合は，多くのコンパイラでは警告が出る。

[ex6-3.c]

```
/* code: ex6-3.c    (v1.16.00) */
#include <stdio.h>

int main ()
{
  int a[10] = { 30, 20, 10, 25, 15 };
  int i, sum, avg;

  sum = 0;
  for (i = 0; i < 5; i++)
    sum += a[i];

  avg = sum / 5;
  printf ("%d¥n", avg);
```

```
    return 0;
}
```

[出力]

```
20
```

コード6.3: 配列の初期化式を利用して5つの整数の平均値を求める

　コード6.4は，要素数10の配列の中に0から99まで範囲の乱数を入れていくコードである。この例では，#define文が使われている。コードでは，①配列の要素数の宣言，②乱数を配列の中に入れていくforループ，③配列内の数値を表示するforループの3カ所で，#define文で設定されたARRAY_SIZEが記述されている。コードでは，ARRAY_SIZEの値が10に設定されているが，配列の要素数を変更したい場合，#define文で設定するARRAY_SIZEの値の1カ所を変更するだけでよい。これによってコードの変更箇所を減らすことができるため，コードの変更し忘れなどのバグを減らす効果がある。

　rand関数は，0以上，RAND_MAXで定義された値以下の疑似乱数整数を返す。"%"記号はモジュロ演算（modulo arithmetic）で，剰余の計算をする。剰余は除算において被除数のうち割られなかった部分の数である。このコードの例の場合，0から99までの範囲の整数値の乱数が計算される。

[ex6-4.c]

```
/* code: ex6-4.c   (v1.16.00) */
#include <stdio.h>
#include <stdlib.h>

#define ARRAY_SIZE 10
```

```
int main ()
{
  int a[ARRAY_SIZE];
  int i;

  for (i = 0; i < ARRAY_SIZE; i++)
    a[i] = rand () % 100;

  for (i = 0; i < ARRAY_SIZE; i++)
    printf ("%03d ", a[i]);

  return 0;
}
```

[出力]

```
083 086 077 015 093 035 086 092 049 021
```

コード6.4 : 乱数を配列へ代入する

2. 多次元配列

　多くのプログラミング言語では，多次元配列（multidimensional array）を利用することができる。コード6.5は，2次元の配列を扱った例である。このコードでは，図6-3に示すような3行（rows）× 4列（columns）の整数型の2次元の配列を作成し，値を代入した後に2重のforループによって配列内の値を出力する。2次元配列の各要素は，iとjの2つの添字を使うことによってアクセスできる。2次元の行列データや2次元画像データなど，2次元の配列を用いることで処理が効率的なデータは非常に多い。

	C0	C1	C2	C3
R0	a[0][0]	a[0][1]	a[0][2]	a[0][3]
R1	a[1][0]	a[1][1]	a[1][2]	a[1][3]
R2	a[2][0]	a[2][1]	a[2][2]	a[2][3]

図6-3　2次元配列の例（3行×4列）

[ex6-5.c]

```
/* code: ex6-5.c   (v1.16.00) */
#include <stdio.h>

int main ()
{
  int i, j;
  int a[3][4] = {
    {0, 10, 20, 30},
    {40, 50, 60, 70},
    {80, 90, 100, 110}
  };

  for (i = 0; i < 3; i++) {
    for (j = 0; j < 4; j++) {
      printf ("array[%d][%d]=%3d\n", i, j, a[i][j]);
    }
  }

  return 0;
}
```

[出力]

```
array[0][0]=  0
array[0][1]= 10
array[0][2]= 20
array[0][3]= 30
array[1][0]= 40
array[1][1]= 50
array[1][2]= 60
array[1][3]= 70
array[2][0]= 80
```

```
array[2][1]= 90
array[2][2]=100
array[2][3]=110
```

コード6.5：　２次元配列の利用例

　コード6.6は，３次元の配列の例である。C言語の場合には，要素数を宣言する"[ ]"を増やすことによって，配列の次元を増やすことができる。多次元配列といっても特別なものではなく，多次元配列は１次元配列に変換することが可能である。例えば３次元配列aの各次元がX，Y，Zであり，０以上の値となる添字をi，j，kとすると，１次元配列bは次の式で変換することができる。

$$b[Z \times Y \times i + Z \times j + k] = a[i][j][k]$$

　一般に多次元の配列は要素数が大きくなりやすいので，配列に使用できるメモリの上限に注意しなくてはならない。通常，コード6.5やコード6.6のような宣言による配列では，データを格納するための配列のメモリは，スタック領域と呼ばれる場所に確保される。スタック領域で利用できるメモリサイズは，オペレーティングシステムやコンパイラの制限を受ける。ただし，Linuxなどではbashやshのulimitコマンド等でメモリのリソース制限を調べ，利用できるスタックメモリ領域の大きさを変更できる。（12章を参照）

[ex6-6.c]

```
/* code: ex6-6.c   (v1.16.00) */
#include <stdio.h>
```

```
int main ()
{
  int i, j, k;
  int a[2][3][4] = {
    {{0, 1, 2, 3},
     {4, 5, 6, 7},
     {8, 9, 10, 11}},
    {{0, 10, 20, 30},
     {40, 50, 60, 70},
     {80, 90, 100, 110}}
  };

  for (i = 0; i < 2; i++) {
    for (j = 0; j < 3; j++) {
      for (k = 0; k < 4; k++) {
        printf ("array[%d][%d][%d]=%3d\n", i, j, k, a[i][j][k]);
      }
    }
  }

  return 0;
}
```

[出力]

```
array[0][0][0]=   0
array[0][0][1]=   1
array[0][0][2]=   2
array[0][0][3]=   3
array[0][1][0]=   4
array[0][1][1]=   5
array[0][1][2]=   6
array[0][1][3]=   7
array[0][2][0]=   8
array[0][2][1]=   9
array[0][2][2]=  10
array[0][2][3]=  11
array[1][0][0]=   0
array[1][0][1]=  10
array[1][0][2]=  20
array[1][0][3]=  30
array[1][1][0]=  40
array[1][1][1]=  50
array[1][1][2]=  60
array[1][1][3]=  70
array[1][2][0]=  80
array[1][2][1]=  90
```

```
array[1][2][2]=100
array[1][2][3]=110
```

コード6.6: ３次元配列の利用例

3. 文 字 列

　文字列（string）は一連の文字（character）からできている。プログラミング言語によって文字列の扱いは異なっており，文字列型を持つプログラミング言語もある。C言語の場合は，標準では文字列型を持っておらず，文字列は配列を利用して作ることができる。コード6.7では，文字型の要素数が４の配列sを宣言している。そして，配列の先頭から順番に 'O'，'U'，'J' の３つの文字を配列に代入している。最後には，'¥0' という文字列の終端を表すための特別な文字（ヌル文字）を配列に代入している。コード6.7のプログラムは，"OUJ" という文字列を出力する。図6-4に示すように，長さnの文字列を格納するには，ヌル文字も必要であるためn＋1個の要素数を持つ配列を用意しなくてはいけない。（なお，ヌル文字に使われるASCIIのバックスラッシュ（0x5C）はJIS X 0201では円記号であるため，日本語のフォントではバックスラッシュが円記号として表示されるものが多い。）

[ex6-7.c]

```
/* code: ex6-7.c   (v1.16.00) */
#include <stdio.h>

int main ()
{
  char s[4];
  s[0] = 'O';
  s[1] = 'U';
```

```
    s[2] = 'J';
    s[3] = '¥0';
    printf ("%s¥n", s);

    return 0;
}
```

[出力]

```
OUJ
```

コード6.7： 文字列のプログラム

図6-4　文字列を格納する配列

　C言語では，文字列のような配列に対して代入演算子（例えば，演算子 " = "）を利用することができない。そこで，ある配列から別の配列へ要素を代入する場合は，ループ文などを用いて，配列の要素を1つずつコピーしていかなくてはならない。コード6.8は，文字列をコピーする関数のプログラム例である。この string_copy 関数では，配列 source のヌル文字 '¥0' をループ文で監視しながら配列 target へ配列の要素をコピーしていく。ループが終了すると，配列 target の最後の要素にヌル文字 '¥0' を追加する。なお，この関数を呼び出すときは，コピー先の配列に十分なメモリが確保されていなくてはならない。この例では，配列 s，配列 t の要素数は20となっている。なお，コード6.8の string_copy 関数の引数は以下のような表記も可能である。

```
void string_copy (char target[ ], char source[ ])
```

[ex6-8.c]

```
/* code: ex6-8.c   (v1.16.00) */
#include <stdio.h>

/* ------------------------------------------ */
void string_copy (char *target, char *source)
{
  int i;
  i = 0;
  while (source[i] != '¥0') {
    target[i] = source[i];
    i++;
  }
  target[i] = '¥0';
}

/* ------------------------------------------ */
int main ()
{
  char s[20] = "University";
  char t[20];

  string_copy (t, s);
  printf ("%s¥n", t);

  return 0;
}
```

[出力]

```
University
```

コード6.8： 文字列をコピーする関数

　C言語のライブラリには文字列を扱う関数が多数含まれており，表
6-1は文字列に関連した関数の一部の例である。これらの関数の定義は

string.hにあるので，利用にあたっては，#include <string.h>を宣言する必要がある。

　関数の具体的な戻り値や，引数の型，引数の個数については，man page（マンページ）等で参照できる。man pageはUnix系のオペレーティングシステムの電子化されたドキュメントであり，"man"コマンドにより実行できる。例えば，シェルプロンプトで，"man strcpy"でstrcpy関数に関するマニュアルを読むことができる。なお，様々なシステムのman pageのドキュメントはweb等でも公開されている場合が多い。

表6-1　文字列を扱う関数の例

関数	英語での意味	関数の説明
strcpy	copy a string	文字列をコピー
strcat	concatenate two strings	2つの文字列を連結
strcmp	compare two strings	2つの文字列を比較
strncmp	compare part of two strings	2つの文字列を文字数指定して比較
strchr	locate character in string	文字列の先頭から文字を探索
strstr	locate a substring	文字列から文字列を探索
strlen	calculate the length of a string	文字列の長さを求める

　コード6.9は，文字列をコピーする関数strcpyを利用した例である。これはコード6.8と同様の動作をする。

[ex6-9.c]

```
/* code: ex6-9.c   (v1.16.00) */
#include <stdio.h>
#include <string.h>

/* ------------------------------------------ */
```

```
int main ()
{
  char s[20] = "University";
  char t[20];
  strcpy (t, s);
  printf ("%s¥n", t);

  return 0;
}
```

[出力]

```
University
```

コード6.9：　文字列をコピーする関数 strcpy

コード6.10は，strcmp関数を利用したコードである。strcmp関数は
以下の書式で定義されている。

```
int strcmp (const char *s1, const char *s2);
```

strcmp関数は 2 つの文字列 s1 と s2 を比較する。この関数は s1 が s2 に
較べて（a）小さい，（b）等しい，（c）大きい場合に，それぞれ，（a）
ゼロよりも小さい整数，（b）ゼロと等しい整数，（c）ゼロより大きい
整数を返す。関数の書式の引数に使われている "const char ＊" とは書
き換えが不可能な文字列であり，関数は文字列を関数の中では変更しな
いことを意味している。const とは，定数（constant）のことである。

[ex6-10.c]

```
/* code: ex6-10.c    (v1.16.00) */
```

```
#include <stdio.h>
#include <string.h>

int main ()
{
  char s0[] = "aaaaa";
  char s1[] = "bbbbb";
  char s2[] = "aaaaaaa";
  int i;
  printf ("strcmp(str1, str2)\n");
  i = strcmp (s0, s0);
  printf ("[%s] [%s] (%d)\n", s0, s0, i);
  i = strcmp (s0, s1);
  printf ("[%s] [%s] (%d)\n", s0, s1, i);
  i = strcmp (s1, s0);
  printf ("[%s] [%s] (%d)\n", s1, s0, i);
  i = strcmp (s0, s2);
  printf ("[%s] [%s] (%d)\n", s0, s2, i);

  return 0;
}
```

[出力]

```
strcmp(str1, str2)
[aaaaa] [aaaaa] (0)
[aaaaa] [bbbbb] (-1)
[bbbbb] [aaaaa] (1)
[aaaaa] [aaaaaaa] (-97)
```

コード6.10: strcmp関数を利用したプログラム

演習問題

【問題】

(問6.1)　コード6.2では，整数型の配列が宣言されている。これを浮動小数点数型の配列に変更したプログラムを作成しなさい。

(問6.2)　コード6.5を参考にして，九九表（掛け算表）を表示するプログラムを作成しなさい。コードでは，九九表の値を一度，2次元配列に代入してから，配列内の値を出力しなさい。

(問6.3)　コード6.6を変更して3次元配列に1以上100以下の乱数を代入するプログラムを作成しなさい。コードでは，乱数の値を一度，3次元配列に代入してから，配列内の値を出力しなさい。

(問6.4)　コード6.10を変更して，文字列の最初の3文字のみを比較するようにしなさい。文字列の比較には，strncmp関数を用いること。

(問6.5)　strlen関数を用いて文字列 "abcdefg" の長さを表示するプログラムを作成しなさい。

(問6.6)　チャレンジ問題　配列はデータの集まりを処理するために重
要である。配列と一緒に使うと便利なものとして構造体
（structure）がある。構造体を用いると複数のデータ型を1つ
にまとめて扱うことができる。①構造体の配列，②構造体のポ
インタ配列を使ったプログラムを作成しなさい。

```
struct student {
  int id;
  char grade;
  char name[128];
};
typedef struct student STUDENT_TYPE;

int main() {
  STUDENT_TYPE  db1[100];
  STUDENT_TYPE *db2[100];
}
```

構造体宣言の例　（コードの一部）

解答例

（解6.1）　floatを使う。

「q6-1.c」

```
/* code: q6-1.c   (v1.16.00) */
#include <stdio.h>

int main ()
{
  float a[5];
  int i;
  float sum, avg;
```

```
  a[0] = 30.0;
  a[1] = 20.0;
  a[2] = 10.0;
  a[3] = 25.0;
  a[4] = 15.0;
  sum = 0.0;
  for (i = 0; i < 5; i++)
    sum += a[i];

  avg = sum / 5.00;
  printf ("%f¥n", avg);

  return 0;
}
```

「出力」

```
20.000000
```

（解6.2）　九九表を表示するコードである。

「q6-2.c」

```
/* code: q6-2.c   (v1.16.00) */
#include <stdio.h>
#define TABLE 9
int main ()
{
  int i, j;
  int a[TABLE][TABLE];

  for (i = 0; i < TABLE; i++) {
    for (j = 0; j < TABLE; j++) {
      a[i][j] = (i + 1) * (j + 1);
    }
  }
  for (i = 0; i < TABLE; i++) {
    for (j = 0; j < TABLE; j++) {
      printf ("%02d ", a[i][j]);
    }
```

```
      printf ("\n");
    }
    return 0;
}
```

「出力」

```
01 02 03 04 05 06 07 08 09
02 04 06 08 10 12 14 16 18
03 06 09 12 15 18 21 24 27
04 08 12 16 20 24 28 32 36
05 10 15 20 25 30 35 40 45
06 12 18 24 30 36 42 48 54
07 14 21 28 35 42 49 56 63
08 16 24 32 40 48 56 64 72
09 18 27 36 45 54 63 72 81
```

（解6.3）　3次元配列の利用例である。

「q6-3.c」

```
/* code: q6-3.c   (v1.16.00) */
#include <stdio.h>
#include <stdlib.h>

int main ()
{
  int i, j, k;
  int array[2][3][4];

  for (i = 0; i < 2; i++) {
    for (j = 0; j < 3; j++) {
      for (k = 0; k < 4; k++) {
        array[i][j][k] = (rand () % 100) + 1;
      }
    }
  }
  for (i = 0; i < 2; i++) {
    for (j = 0; j < 3; j++) {
      for (k = 0; k < 4; k++) {
```

```
      printf ("%03d ", array[i][j][k]);
    }
    printf ("\n");
  }
  printf ("\n");
}
return 0;
}
```

「出力」

```
084 087 078 016
094 036 087 093
050 022 063 028

091 060 064 027
041 027 073 037
012 069 068 030
```

（解6.4）　strncmp関数の利用例である。

「q6-4.c」

```
/* code: q6-4.c    (v1.16.00) */
#include <stdio.h>
#include <string.h>

int main ()
{
  char s0[] = "aaaaa";
  char s1[] = "bbbbb";
  char s2[] = "aaaaaaa";
  int i;
  printf ("strncmp(str1, str2, 3)\n");
  i = strncmp (s0, s0, 3);
  printf ("[%s] [%s] (%d)\n", s0, s0, i);
  i = strncmp (s0, s1, 3);
  printf ("[%s] [%s] (%d)\n", s0, s1, i);
  i = strncmp (s1, s0, 3);
  printf ("[%s] [%s] (%d)\n", s1, s0, i);
  i = strncmp (s0, s2, 3);
  printf ("[%s] [%s] (%d)\n", s0, s2, i);

  return 0;
}
```

106

「出力」

```
strncmp(str1, str2, 3)
[aaaaa] [aaaaa] (0)
[aaaaa] [bbbbb] (-1)
[bbbbb] [aaaaa] (1)
[aaaaa] [aaaaaaa] (0)
```

（解6.5）　strlen関数の利用例である。

「q6-5.c」

```
/* code: q6-5.c   (v1.16.00) */
#include <stdio.h>
#include <string.h>

int main ()
{
  char s[] = "abcdefg";
  int i;
  i = strlen (s);
  printf ("[%s] (%d)\n", s, i);
  return 0;
}
```

「出力」

```
[abcdefg] (7)
```

（解6.6）　コードはWeb補助教材を参照（q6-6.c）。構造体のメンバ参照に使われているドット演算子とアロー演算子に注意すること。また，" db2[i] – >id " が "(*db2[i]).id " と同じ意味であることに注意。構造体のポインタ配列では，mallocとfreeが利用されていることに注意（12章を参照）。

7 | 配列の操作

《**目標とポイント**》 配列に対する操作として，挿入，削除，探索などの基本
的な操作を学習する。線形探索と順序配列を利用した二分探索の仕組みを学
習し，それぞれ探索の特徴について学ぶ。また，C言語による線形探索と二
分探索のプログラム実装について考える。
《**キーワード**》 配列，挿入，削除，探索，配列と関数，線形探索，順序配列，
二分探索，計算量

1. 配列へのデータ挿入

　配列に対する重要な操作として，挿入，削除，探索，整列などがある。
このような基本的な操作ができれば，配列は簡易なデータベースのよう
な機能を果たすことができる。本節では，配列へのデータ挿入について
考える。なお，この挿入では配列データが配列の先頭から連続的に並ぶ
ような操作を行う。

　図7-1の例では，配列のデータが6個すでに挿入済みになっている。
そこへ添字6の位置にデータ600というデータを挿入している。このよ
うに，挿入しようとする位置が空きであれば挿入の操作は簡単である。

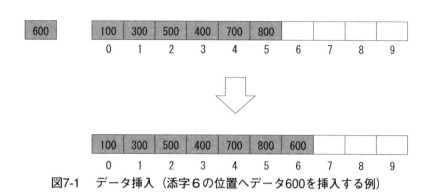

図7-1　データ挿入（添字６の位置へデータ600を挿入する例）

　それに対して，図7-2の例では，配列のデータが６個挿入済みになっており，そこへ添字０の位置にデータ600を挿入する。この場合，問題となるのは添字０の場所は既にデータが存在することである。このような場合，配列内にあるデータを１個ずつ順番に移動していく操作が必要になる。つまり，データ800を添字６の位置へ，データ700を添字５の位置へ，という具合にデータの移動をしていき，最終的にデータ100を添字１の位置へ移動させて，添字０の位置に空きを作る。そして，添字０の位置にデータ600を書き込む。このようにデータを挿入したい位置にデータが既にある場合には，データの移動が必要になってしまう。配列内のデータの数をnとすると，最良の場合であればデータの移動は不要であるが，最悪の場合ではn個のデータを移動させて配列の空きを確保しなくてはならない。したがって，任意の添字位置へのデータ挿入に必要な平均の計算量は$O(n)$となる。

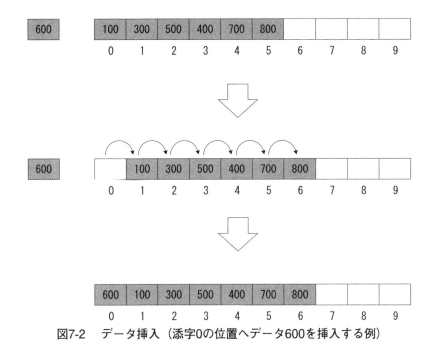

図7-2　データ挿入（添字0の位置へデータ600を挿入する例）

2.　配列からのデータ削除

　配列からのデータの削除について考える。なお，この削除では配列データを削除した後にデータが配列の先頭から連続的に並ぶような操作を行う。図7-3は配列の例では配列に全部で7個のデータがあり，添字6の位置のデータ600を削除している。この削除は簡単で，配列データが配列の先頭から連続的に並んでおり，特別な操作は不要である。（実際には，配列データが空であることを示す値で上書きをする。）

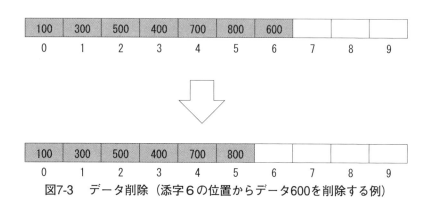

図7-3　データ削除（添字６の位置からデータ600を削除する例）

　それに対して，図7-4の例では配列に全部で７個のデータがあり，添字0の位置のデータ600を削除している。この削除では，添字０の位置に空きができてしまうため，データを１個ずつ順番に移動する必要がある。つまり，データ100を添字０の位置へ，データ300を添字１の位置へ，という具合にデータを移動し，最終的に添字５の位置へデータ800を移動させて，配列先頭からデータが連続的に並ぶようにする。

　任意の添字位置のデータ削除をする場合，最良の場合であればデータの移動は不要であるが，最悪の場合ではn個のデータを移動させて配列の空きを埋めなくてはならない。したがって，データ削除に必要な平均の計算量は$O(n)$となる。なお，特殊な値を削除したことを示すフラグとして利用し，データ削除したように見せかける方法がある。このような方法を用いれば，配列内のデータ移動が少なくなる可能性がある。

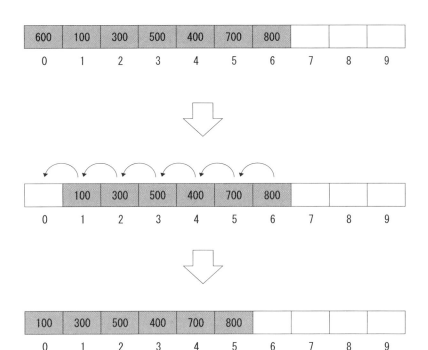

図7-4　データ削除（添字0の位置からデータ600を削除する例）

3. 探　索

配列のデータを探索する手法として，線形探索（linear search）と二分探索（binary search）について考える。

3.1　線形探索

データの線形探索では，添字の値を順番に増加させながら，配列の要素となるデータと，探索キー（search key）となるデータを順番に比較していくことで探索ができる。コード7.1は，線形探索を行う例である。

linear_search関数は，配列の中から線形探索によって探索キーと一致するデータを探し，データが見つかれば，見つかったデータの配列の添字の値を返す。この実装では，探索キーに一致するデータが配列内に複数あっても，最初に一致したデータの添字を返す。配列内に探索データが見つからない場合は，−1を返す。

[ex7-1.c]

```
/* code: ex7-1.c   (v1.16.00) */
#include <stdio.h>
#include <stdlib.h>
#define ARRAY_SIZE 13

/* ------------------------------------------- */
int linear_search (int array[], int n, int key)
{
  int i;
  for (i = 0; i < n; i++) {
    if (array[i] == key) {
      return i;
    }
  }
  return -1;
}

/* ------------------------------------------- */
void print_array (int array[], int n)
{
  int i;
  for (i = 0; i < n; i++) {
    printf ("%d ", array[i]);
  }
  printf ("\n");
}

/* ------------------------------------------- */
int main ()
{
  int index, key;
  int array[ARRAY_SIZE] = {
    900, 990, 210, 50, 80, 150, 330,
    470, 510, 530, 800, 250, 280
```

```
  };
  key = 800;
  print_array (array, ARRAY_SIZE);
  index = linear_search (array, ARRAY_SIZE, key);
  if (index != -1) {
    printf ("Found: %d (Index:%d)\n", key, index);
  }
  else {
    printf ("Not found: %d\n", key);
  }
  return 0;
}
```

[出力]

```
900 990 210 50 80 150 330 470 510 530 800 250 280
Found: 800 (Index:10)
```

コード7.1： 線形探索の関数例

3.2　二分探索

　二分探索（binary search; バイナリサーチ）は，整列済みの配列に対して探索を行う。整列（sorting;ソーティング）とは，データを値の大小関係に従って並べ替える操作である。データが整列した配列は順序配列（ordered array）と呼ばれる。二分探索では，配列の中央の値と比較し，検索するキーの値との大小関係を基に探索を進める。検索したい値が中央の値より大きいか，小さいかを調べ，二分割した配列の片方には，目的のキー値が存在しないことを確かめながら検索を行う。二分探索を行うには，整列済みの配列でなければならないという制約があるが，平均の計算量では，二分探索は線形探索よりも高速である。

114

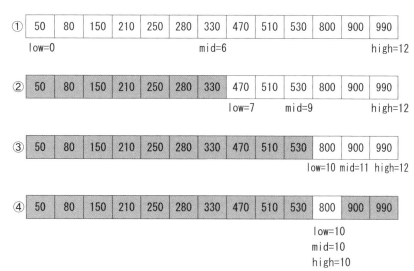

図7-5　二分探索の計算のステップ例

　図7-5は，13個のデータを持つ順序配列に対して，二分探索を行った
ときの様子を示したものである。この例では，配列からデータ800を探
索している。処理過程で，配列の探索範囲が半分になっていくことがわ
かる。データ数が多いとき，線形探索と比べると二分探索は圧倒的に高
速である。例えば，データ数を100,000,000個（１億個）としたとき，線
形探索では最悪の場合，１億回の比較，平均では５千万回の比較が必要
である。しかし，二分探索なら約 $\log_2 100,000,000$ 回，つまり，約27回の
比較で済む。
　コード7.2は，二分探索を行うコード例である。関数binary_searchは，
配列の中から二分探索によって探索キーと一致するデータを探し，デー
タが見つかれば，見つかったデータの配列の添字の値を返す。配列内に
探索データが見つからない場合は，－１を返す。配列はあらかじめ順序

配列になっている必要がある。

[ex7-2.c]

```
/* code: ex7-2.c   (v1.16.00) */
#include <stdio.h>
#include <stdlib.h>
#define ARRAY_SIZE 13

/* -------------------------------------------- */
int binary_search (int array[], int num, int key)
{
  int middle, low, high;
  low = 0;
  high = num - 1;
  while (low <= high) {
    middle = (low + high) / 2;
    if (key == array[middle]) {
      return middle;
    }
    else if (key < array[middle]) {
      high = middle - 1;
    }
    else {
      low = middle + 1;
    }
  }
  return -1;
}

/* -------------------------------------------- */
void print_array (int array[], int n)
{
  int i;
  for (i = 0; i < n; i++) {
    printf ("%d ", array[i]);
  }
  printf ("\n");
}

/* -------------------------------------------- */
int main ()
{
  int index, key;
  int array[ARRAY_SIZE] = {
```

```
      50,  80,  150,  210,  250,  280,  330,
      470,  510,  530,  800,  900,  990
  };

  key = 800;
  print_array (array, ARRAY_SIZE);
  index = binary_search (array, ARRAY_SIZE, key);
  if (index != -1) {
    printf ("Found: %d (Index:%d)\n", key, index);
  }
  else {
    printf ("Not found: %d\n", key);
  }
  return 0;
}
```

[出力]

```
50 80 150 210 250 280 330 470 510 530 800 900 990
Found: 800 (Index:10)
```

コード7.2: 二分探索の関数例

演習問題

【問題】

(問7.1)　順序配列について説明しなさい。

(問7.2)　線形探索と二分探索で探索に必要な平均の計算量について答えなさい。

(問7.3)　二分探索の特徴を簡単に述べなさい。

(問7.4)　チャレンジ問題 C言語のライブラリに含まれるlsearch関数を利用したプログラムを作成しなさい。

(問7.5)　チャレンジ問題 C言語のライブラリに含まれるbsearch関数を利用したプログラムを作成しなさい。

(問7.6)　チャレンジ問題 コード(q7-3.c)は，1節と2節で述べた配列操作に関連するコードである。このコードは，データ挿入，データ削除，データ挿入可能な場所の探索を行う関数からなっている。gprof等のプロファイラで関数を分析しなさい。

118

解答例

（解7.1）　データが整列した配列は順序配列（ordered array）と呼ばれる。

（解7.2）　探索に必要な平均の計算量

探索手法	平均の計算量
線形探索	$O(n)$
二分探索	$O(\log n)$

（解7.3）

✓　二分探索は，整列済みの配列（順序配列）に対して探索を行う。

✓　二分探索では，配列の中央の値と比較し，検索するキーの値との大小関係を基に探索を進める。検索したい値が中央の値より大きいか，小さいかを調べ，二分割した配列の片方には，目的のキー値が存在しないことを確かめながら検索を行う。

✓　二分探索で探索に必要な平均の計算量は，$O(\log n)$ であり高速である。

（解7.4）　コードはWeb補助教材を参照（q7-1.c）。

```
void *lsearch(const void *key,  void  *base,  size_t  *nelp,
    size_t width,  int  (*compar)  (const void *,  const void *));
```

（解7.5）　コードは Web 補助教材を参照（q7-2.c）。

```
void *bsearch(const void *key, const void *base, size_t nmemb,
    size_t size, int (*compar)(const void *, const void *));
```

（解7.6）　コードは Web 補助教材を参照（q7-3.c）。

gprof の実行例

```
$ gcc -pg -Wall q7-3.c -o q7-3
$ ./q7-3
$ gprof  q7-3 gmon.out > gmon.log
$ more gmon.log
```

gprof の出力の一部

% time	cumulative seconds	self seconds	calls	self us/call	total us/call	name
56.26	0.71	0.71	1000	714.52	714.52	array_find_empty
44.38	1.28	0.56	1000	563.57	563.57	array_insert
0.00	1.28	0.00	1000	0.00	0.00	array_delete

線形探索とほぼ同じ処理である array_find_empty 関数に56.26％の時間がかかっている。

8 | 配列の応用

《目標とポイント》 配列を使った応用的なコード例を学習する。スタックと
キューという基本的なデータ構造とその操作について学習する。そして，C
言語による配列を利用したスタックとキューの実装例について学ぶ。配列と
関数を利用したコードの応用例として，コンウェイのライフゲームについて
考える。
《キーワード》 配列，スタック，プッシュ，ポップ，キュー，エンキュー，
デキュー，ライフゲーム

1. スタック

　スタック（stack）は最も基本的なデータ構造の一つである。スタッ
クには，"積み重ねる"という意味がある。スタックでは，積み重なっ
たデータの1つのデータしか読み取ることができない。しかも，一度に
読み取ることができるデータは，最後にスタックに積まれた（挿入され
た）データだけである。
　スタックの構造は図8-1のようになっている。スタックに複数のデー
タが積まれているとき，最初に積まれたデータは，スタックの底（bottom;
ボトム），最後に積まれたデータは，スタックの頂上（top;トップ）に
なる。このようなスタックのデータ構造は，LIFO（Last In, First
Out;後入れ先出し;ライフォ）と呼ばれ，データは，"後入れ，先出し"
の構造で保存されていく。

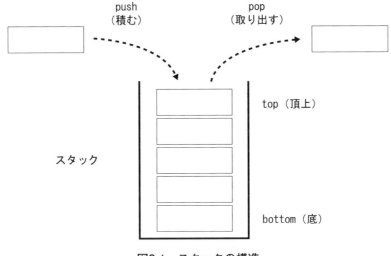

図8-1 スタックの構造

スタックの操作には，以下のような基本的な操作がある。

●プッシュ（push）

データをスタックの頂上に積む操作のこと。

●ポップ（pop）

データをスタックの頂上から取り出すこと。

一般的にプッシュとポップが，スタックに対して行われる代表的な操作であるが，プログラムによっては，以下のような補助的な操作も使われる場合がある。

●ピーク（peek）

スタックの頂上のデータを削除せずにデータ値を見る場合に使われる。ピークとは"覗く"という意味である。トップ（top）と呼ぶこともある。

● スワップ（swap）

スタック頂上にあるデータと，その次にあるデータを入れ替える操作。スワップは"交換"の意味である。

● デュプリケート（duplicate）

スタック頂上にあるデータを複製し，複製したデータを頂上にプッシュする。duplicateは複製を意味し，dup.と省略表記されることもある。

　スタックの構造は，配列を使って実装することが可能である。コード8.1はC言語を用いた整数型データを格納できるスタックのコードの例である。このコードでは，プッシュ，ポップの主要な操作，スタック内のデータ表示，スタックの初期化の操作が，それぞれ関数として実現されている。このコードでは，①スタックのデータを保存している配列，②スタックの頂上となる配列の添字，に関する2つの情報を関数へ渡してスタックの動作を実現する構造になっている。この他にも，配列をグローバル変数として保存するような実装（配列で大量のデータを扱う場合）など，様々な実装法を考えることができる。配列を利用した実装では，プッシュ操作によって，データ数が配列に確保した容量を超えてしまう場合の処理を考慮する必要がある。

[ex8-1.c]

```
/* code: ex8-1.c    (v1.16.00) */
#include<stdio.h>
#include<stdlib.h>

#define MAX 128
#define PUSH_SUCCESS     1
#define PUSH_FAILURE    -1
#define POP_SUCCESS      2
```

```
#define POP_FAILURE    -2
/* ------------------------------------------ */
void stack_init (int *top)
{
  *top = 0;
}
/* ------------------------------------------ */
void display (int stack[], int top)
{
  int i;
  printf ("STACK(%d): ", top);
  for (i = 0; i < top; i++) {
    printf ("%d ", stack[i]);
  }
  printf ("¥n");
}
/* ------------------------------------------ */
int push (int stack[], int *top, int data)
{
  if (*top >= MAX) {
    /* stack overflow */
    return PUSH_FAILURE;
  }
  else {
    stack[*top] = data;
    (*top)++;
    return PUSH_SUCCESS;
  }
}
/* ------------------------------------------ */
int pop (int stack[], int *top, int *data)
{
  if ((*top) > 0) {
    *data = stack[(*top) - 1];
    (*top)--;
    return POP_SUCCESS;
  }
  else {
    /* stack empty */
    return POP_FAILURE;
  }
}
```

```
/* ----------------------------------------- */
int main ()
{
  int stack[MAX];
  int top, data;

  stack_init (&top);
  data = 300;
  printf ("push: %d¥n", data);
  push (stack, &top, data);
  data = 400;
  printf ("push: %d¥n", data);
  push (stack, &top, data);
  data = 500;
  printf ("push: %d¥n", data);
  push (stack, &top, data);
  display (stack, top);
  pop (stack, &top, &data);
  printf ("pop:  %d¥n", data);
  pop (stack, &top, &data);
  printf ("pop:  %d¥n", data);
  pop (stack, &top, &data);
  printf ("pop:  %d¥n", data);
  return 0;
}
```

[出力]

```
push: 300
push: 400
push: 500
STACK(3): 300 400 500
pop:  500
pop:  400
pop:  300
```

コード8.1: 配列を用いたスタックのプログラム例

2. キュー

キュー（queue；待ち行列）とは，"列に並んで待つこと" を意味する。キューは，基本的なデータ構造の一つで，スタックと類似した構造を持つ

ている。ただし，キューの場合は，最初に挿入したデータが，最初に取り出される構造になっている。

　キューの構造は図8-2のようになっている。キューに複数のデータがあるとき，最初のデータは，キューの先頭（front），最後のデータは，キューの末尾（rear）となる。このようなキューのデータ構造は，FIFO（First In, First Out；先入れ先出し；フィフォ；ファイフォ）と呼ばれ，データは，"先入れ，先出し"の構造で保存されていく。

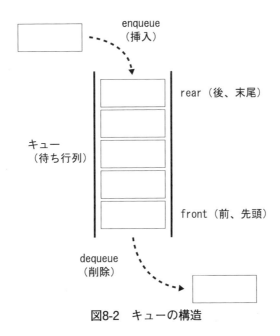

図8-2　キューの構造

　キューの基本的な操作としては，以下のようなものがある。
●エンキュー（enqueue；加列）
　データをキューの末尾に入れる。
●デキュー（dequeue；除列）

キューの先頭からデータを取り出す。

　一般的にエンキューとデキューが，キューに対して行われる代表的な操作であるが，プログラムによっては，ピークのような操作が必要な場合もある。またキューの末尾やキューの任意位置のデータ値を見る派生型のピーク操作も存在する。

● ピーク（peek；覗く）
　キューの先頭データを削除せずにデータ値を見る場合に使われる。フロント（front）と呼ぶこともある。

　コード8.2は，C言語を用いた整数型データを格納できるキューのコード例である。このコードでは，エンキューとデキューの主要な操作と，キューの初期化の操作が関数として実現されている。キューの先頭と末尾の位置を記録する変数が使われていることに注意したい。なお，このコード8.2のような単純な実装では，エンキューとデキューの操作によっては，先頭と末尾の位置関係から大きな配列が必要となってしまうことがある。そこで，配列の先頭と末尾が連続的に接続した循環構造として扱う，リングバッファ（ring buffer; またはcircular buffer; 環状バッファ）と呼ばれる構造が一般的に使われることが多い（問8.5のコード例を参照）。

[ex8-2.c]

```
/* code: ex8-2.c    (v1.16.00) */
#include<stdio.h>
#include<stdlib.h>

#define MAX 128
#define ENQUEUE_SUCCESS      1
#define ENQUEUE_FAILURE     -1
#define DEQUEUE_SUCCESS      2
```

```
#define DEQUEUE_FAILURE    -2

/* ----------------------------------------- */
void queue_init (int *front, int *rear)
{
  *front = -1;
  *rear = -1;
}

/* ----------------------------------------- */
int enqueue (int q[], int *rear, int data)
{
  if (*rear < MAX - 1) {
    *rear = *rear + 1;
    q[*rear] = data;
    return ENQUEUE_SUCCESS;
  }
  else {
    return ENQUEUE_FAILURE;
  }
}

/* ----------------------------------------- */
int dequeue (int q[], int *front, int rear, int *data)
{
  if (*front == rear) {
    return DEQUEUE_FAILURE;
  }
  *front = *front + 1;
  *data = q[*front];
  return DEQUEUE_SUCCESS;
}

/* ----------------------------------------- */
int main ()
{
  int queue[MAX];
  int front, rear, data;
  int stat;

  queue_init (&front, &rear);
  enqueue (queue, &rear, 100);
  enqueue (queue, &rear, 200);
  enqueue (queue, &rear, 300);
  enqueue (queue, &rear, 400);
  enqueue (queue, &rear, 500);
  while (rear - front) {
```

```
    stat = dequeue (queue, &front, rear, &data);
    if (stat == DEQUEUE_SUCCESS) {
      printf ("%d¥n", data);
    }
    else {
      printf ("QUEUE is empty¥n");
    }
  }
  return 0;
}
```

[出力]

```
100
200
300
400
500
```

コード8.2： 配列を用いたキューのプログラム例

3. ライフゲーム

　1970年にジョン・ホートン・コンウェイ博士（John Horton Conway）が考案した，コンウェイのライフゲーム（Conway's Game of Life）は，セルオートマトン（cellular automaton; セルラーオートマトンとも呼ばれる）の例として有名である。ライフゲームは２次元の正方形のセルで分割された無限の空間で実行される。各セルは生きている（alive），あるいは，死んでいる（dead）というどちらかの状態である。そして，この各セルの状態は世代ごとに変化していく。変化の要因となるのは，セルの近傍にあるセルの状態に依存している。近傍にあるセルとは，図8-3のように，セルに接している水平方向にあるセル，垂直方向にあるセル，斜め方向セルの合計８個が近傍のセルとなる。これはMoor近傍（Moore neighborhood）と呼ばれる。これとは別に，水平方向のセルと垂

直方向のセルだけを考慮したNeumann近傍（Neumann neighborhood）というものも存在するが，一般的なライフゲームのプログラムでは，Moor近傍が用いられることが多い。

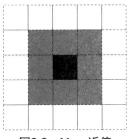

図8-3　Moor近傍

　初期のセルの配置は第1世代と考えることができる。第2世代目のセルの配置は，セルの近傍にあるセルの状態と規則に基づいて決定される。なお，規則はすべてのセルに対して同時に実行される。ライフゲームで使われる標準的な規則は以下のものである。

- 生きているセルに隣接する生きたセルが2つより少ない(n<2)とき，次の世代では，セルは死滅（die of loneliness）する。（セル数：0〜1）
- 生きているセルに隣接する生きたセルが3つより多い（n>3）とき，次の世代では，セルは死滅（die of overcrowding）する。（セル数：4〜8）
- 生きているセルに隣接する生きたセルが2つ（n=2），または，3つ（n=3）であるとき，次の世代でもセルは生存（survive to next generation）する。（セル数：2〜3）
- 死んでいるセルに隣接する生きたセルが3つ（n=3）のとき，次の世代でセルが誕生（birth）する。（セル数：3）

　ライフゲームの規則には，この標準的な規則以外にも様々な派生版の規則が存在する。規則によっては，数世代ですべてのセルが死滅してしまうもの，あるいは，数世代で空間が生きたセルで埋まってしまうものがあるが，このコンウェイの標準的な規則ではバランスがとれて世代が続くようになっている。

　セルの配置によって，世代ごとにセルのパターンには様々な変化が起きる。図8-4は消滅の例である。この例では全セルが死滅する。図8-5は振動（oscillator）の例である。2世代の周期でパターンが繰り返される。このように周期性を持つセルのパターンは幾つか存在し，その周期も異なっている。図8-5のパターンはブリンカー（blinker; 点滅信号機）という名前がある。図8-6は固定（still life; 静物）の例である。図8-6からもわかるように4つのセルの配置から，四角形（square）という名前がある。これは世代が進んでもパターンは変化しない。

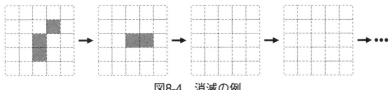

図8-4　消滅の例

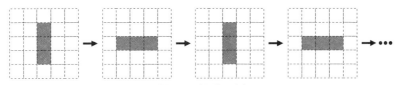

図8-5　振動の例

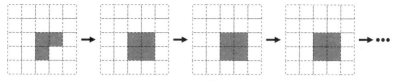

図8-6　静物の例

　図8-7はグライダー（glider；滑空機）と呼ばれるパターンである。グライダーは，4世代ごとに斜め方向へ1セル分移動していく。

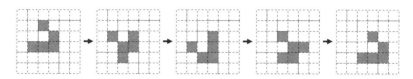

図8-7　グライダー

　ライフゲームをコンピュータプログラムとして実装するには，格子状に分割されたセル空間で各セルの状態を保存する必要がある。セル空間の広さを限定すれば，2次元配列を利用することで比較的容易に実装が可能である。また，セル空間の初期化，ライフゲームの規則の実行，セル空間の表示などの機能は関数として実装することができる。そのため，ライフゲームは，欧米の大学のプログラミング授業の宿題として，しばしば使われる有名な課題となっている。

　コード8.3は，ライフゲームのコード例である。セルオートマトンの基本的な特徴として，セルの状態は同時に更新されるという同期性の特徴がある。そのため，コードでは，更新前と更新後の状態を保持する2つの配列（arrayとarray_new）が必要であることに注意したい。また，セル空間の広さを限定するために，上下および左右の縁をつなげている。

132

[ex8-3.c]

```
/* code: ex8-3.c    (v1.16.00) */
#include <stdio.h>
#include <stdlib.h>
#define WIDTH  40
#define HEIGHT 20

/* ------------------------------------------- */
void cell_evolve (int array[HEIGHT][WIDTH])
{
  int array_new[HEIGHT][WIDTH];
  int x, y, n, x_width, y_height;

  for (y = 0; y < HEIGHT; y++) {
    for (x = 0; x < WIDTH; x++) {
      n = 0;
      for (y_height = y - 1; y_height <= y + 1; y_height++) {
        for (x_width = x - 1; x_width <= x + 1; x_width++) {
          if (array[(y_height + HEIGHT) % HEIGHT][(x_width +
WIDTH) % WIDTH]) {
            n++;
          }
        }
      }
      if (array[y][x]) {
        n--;
      }
      array_new[y][x] = (n == 3 || (n == 2 && array[y][x]));
    }
  }

  for (y = 0; y < HEIGHT; y++) {
    for (x = 0; x < WIDTH; x++) {
      array[y][x] = array_new[y][x];
    }
  }
}

/* ------------------------------------------- */
void cell_first_generation (int array[HEIGHT][WIDTH])
{
  int x, y, r;
  for (x = 0; x < WIDTH; x++) {
    for (y = 0; y < HEIGHT; y++) {
```

```
      r = RAND_MAX / 8;
      if (rand () < r) {
        array[y][x] = 1;
      }
      else {
        array[y][x] = 0;
      }
    }
  }
}

/* ------------------------------------------------- */
void cell_print (int array[HEIGHT][WIDTH], int generation)
{
  int x, y;
  printf ("[Generation: %05d]\n", generation);
  for (y = 0; y < HEIGHT; y++) {
    for (x = 0; x < WIDTH; x++) {
      if (array[y][x] == 1) {
        printf ("*");
      }
      else {
        printf (".");
      }
    }
    printf ("\n");
  }
  printf ("\n");
  fflush (stdout);
}

/* ------------------------------------------------- */
int main ()
{
  int i;
  int array[HEIGHT][WIDTH];
  cell_first_generation (array);
  i = 0;
  while (i < 100) {
    cell_print (array, i);
    cell_evolve (array);
    i++;
  }
  return 0;
}
```

コード8.3：　ライフゲームのコード例

```
[Generation : 00000]                    [Generation : 00001]
```

```
[Generation : 00002]                    [Generation : 00003]
```

```
[Generation : 00004]                    [Generation : 00005]
```

図8-8　コード8.3の出力例の一部（世代0〜世代5）

　ライフゲームは動作の面白さから世界的な人気があり，様々なプログラミング言語での実装が公開されている。また，ゲームのルールを変更したものや，セル空間を3次元化したものなど，多種多様な拡張版のライフゲームが存在する。また，主要なセルのパターンには名前がつけられており，それらを集めデータベース化したwebサイトも存在する。（Life Lexicon等が有名である。）

136

演習問題

【問題】

（問8.1）　スタックの重要な操作を２つ答えなさい。

（問8.2）　キューの重要な操作を２つ答えなさい。

（問8.3）　スタックに，５つのデータ30, 20, 40, 50, 10を順番にプッシュ（push）すると，スタック頂上のデータは10となる。このスタックから，ポップ（pop）を３回行うと，スタック頂上にあるデータは何か答えなさい。

（問8.4）　キューのデータ構造では，最初に挿入したデータが，最初に取り出される構造になっている。空のキューに５つのデータ380, 370, 390, 350, 360を順番にエンキュー（enqueue）すると，キューの先頭データは380，キューの末尾データは360となる。このキューから，デキュー（dequeue）を３回行うと，キューの先頭にあるデータは何か答えなさい。

（問8.5）　チャレンジ問題 リングバッファ（ring buffer；環状バッファ；円環バッファ），によるキューの実装を考えなさい。リングバッファでは，配列の添字をバッファの大きさで割って剰余を取る

計算が使われる。これによって，計算上，直線バッファの両端
がつながり円環状になる。

(問8.6)　 チャレンジ問題 エスケープシーケンスによる画面制御，ま
たは，OpenGL等のグラフィックスライブラリを利用してコー
ド8.3のライフゲームの出力を工夫しなさい。

| 解答例 |

(解8.1)　プッシュ（push）とポップ（pop）

(解8.2)　エンキュー（enqueue）とデキュー（dequeue）

(解8.3)　20

(解8.4)　350

(解8.5)　コードはWeb補助教材を参照（q8-1.c）。このコードはリング
バッファを使ったキューの実装の一例である。この例ではデータのエン

138

キュー時に，変数rearと配列の最大要素の数のモジュロ演算を行い，その値を配列の添字にすることによってリングバッファ化を実現している。これにより配列の末尾の次が配列の先頭，あるいは配列の先頭の前が配列の末尾になる。

（解8.6）　コードはWeb補助教材を参照（q8-2.c）。このコードは，Linuxの端末（terminal）画面を利用したエスケープシーケンスによる画面制御を用いた例である。

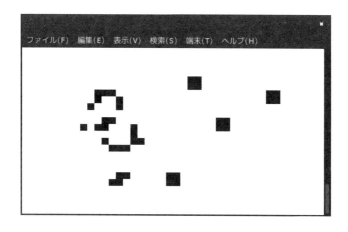

9 | ファイル

《目標とポイント》 ファイルの読み込みや書き込みに関するコードについて学習する。ファイル内のデータ値を読み込んで計算を行うコードについて考える。簡単な画像データのファイル形式や仕組みについて学習する。画像ファイルのデータをメモリへ読み込んで，メモリ上でデータの処理を行った後に，処理したデータを画像ファイルへ書き出すコードについて学ぶ。

《キーワード》 ファイル，画像ファイル，画像フィルタリング，輪郭抽出，ラプラシアンフィルタ，ソーベルフィルタ

1. ファイル

　C言語では，ファイルを処理するための関数が多数用意されている。基本的なファイルを扱う関数のための構造体や関数の定義は，主にstdio.hというヘッダファイルに記述されている。

1.1　ファイルの出力例

　ファイルを利用するためには，ファイル変数の宣言を行い，fopen関数を使ってファイルを開くことができる。fopen関数は指定された名前のファイルを開き，ストリーム[※1]と結びつける。コード9.1は，fprintf関数を使いテキストファイルへデータを書き込むコードの例である。

※1：ストリーム（stream）とは文字列やファイルなどの入出力を統一的に扱う概念であり，データの流れ。

[ex9-1.c]

```
/* code: ex9-1.c   (v1.16.00) */
#include <stdio.h>
#include <stdlib.h>

int main ()
{
  FILE *fptr;
  fptr = fopen ("ex9-1-output.txt", "w");
  fprintf (fptr, "The Open University of Japan¥n");
  fclose (fptr);
  return 0;
}
```

[出力（ファイル）]

```
The Open University of Japan
```

コード9.1： ファイル（ex9-1-output.txt）への出力

　このコードでは，fptrがファイル変数である。fopen関数によってファイル構造体を指すポインタが返され，それがfptrに代入される。fopen関数の"ex9-1-output.txt"はテキストファイルのファイル名である。表9-1のように，ファイル名に続く"w"は，書き込み（write）用のファイルであることを示している。なお，読み込み（read）用のファイルである場合は，"r"が使われる。そして，"b"をつければファイルがバイナリ（binary）ファイルであることを示す。"a"は，ファイルの最後に書き込む（append）ことを示す。

表9-1　ファイルモード（Linux Programmer's Manual）[※2]

モード	動作
r	テキストファイルを読み出すために開く。ストリームはファイルの先頭に位置される。
w	ファイルを書き込むために開く。ファイルが既に存在する場合には長さゼロに切り詰める。ファイルが存在していない場合には新たに作成する。ストリームはファイルの先頭に位置される。
a	追加（ファイルの最後に書き込む）のために開く。ファイルが存在していない場合には新たに作成する。ストリームはファイルの最後に位置される。
r+	読み出しおよび書き込みするために開く。ストリームはファイルの先頭に位置される。
w+	読み出しおよび書き込みのために開く。ファイルが存在していない場合には新たに作成する。存在している場合には長さゼロに切り詰められる。ストリームはファイルの先頭に位置される。
a+	読み出しおよび追加（ファイルの最後に書き込む）のために開く。ファイルが存在していない場合には新たに作成する。読み出しの初期ファイル位置はファイルの先頭であるが，書き込みは常にファイルの最後に追加される。

　コード9.2は，コード9.1にエラー処理を追加した例である。fopen関数はエラーが発生した場合はNULLを返す。この例では，fptrの値がNULLであればエラーメッセージを出力しプログラムを終了する。fopen関数でファイルを開くことができれば，fprintf関数によって整形した文字列をファイルへ書き込む。fclose関数は，ストリームをバッファリングされていたすべての出力データを書き込んでからファイルを閉じる。関数が正常に終了すると 0 が返される。正常に終了しなかった場合にはfclose関数からはEOFが返される。（このコード例ではfclose関数

※ 2：GCC（4.7等）では，オプション "-std=c11" を使うことでC11の規格を利用することができる。C11からはfopen関数のモードに "x" を使用することで，ファイルを排他（exclusive access）オープンできる。

のエラーチェックはしていない。）fopen関数で開くことができるファ
イルには上限があるため，大量のファイルを同時に開く場合は注意が必
要である。同時にオープンできることを処理系が保証するファイル数は
FOPEN_MAX（stdio.h）の値で調べることができる。

[ex9-2.c]

```
/* code: ex9-2.c    (v1.16.00) */
#include <stdio.h>
#include <stdlib.h>

int main ()
{
  FILE *fptr;
  if (NULL == (fptr = fopen ("ex9-2-output.txt", "w"))) {
    fprintf (stderr, "ERROR: Can not open file [output2.txt]");
    exit (-1);
  }
  fprintf (fptr, "The Open University of Japan¥n");
  fclose (fptr);
  return 0;
}
```

[出力（ファイル）]

```
The Open University of Japan
```

コード9.2： ファイルへの出力

1.2　ファイル入力の例（アヤメのデータ）

　コード9.3は，テキストファイルのデータを読み，そのデータに計算
処理を行う例である。読み込むテキストファイルは，有名なFisher's
iris data set（または，Anderson's iris data setとも呼ばれる。）で，
1936年にR. A. Fisherが作成したデータセットである。統計学やパター
ン認識等の分野でしばしば使われるデータセットの一つである。図9-1

にデータの説明とデータの内容例を示す。

データの説明	データファイルの例
1．sepal length in cm	5.1,3.5,1.4,0.2,Iris-setosa
2．sepal width in cm	4.9,3.0,1.4,0.2,Iris-setosa
3．petal length in cm	4.7,3.2,1.3,0.2,Iris-setosa
4．petal width in cm	・・・省略
5．class:	7.0,3.2,4.7,1.4,Iris-versicolor
– Iris Setosa	6.4,3.2,4.5,1.5,Iris-versicolor
– Iris Versicolour	・・・省略
– Iris Virginica	6.2,3.4,5.4,2.3,Iris-virginica
	5.9,3.0,5.1,1.8,Iris-virginica

図9-1 Fisher's iris data set（sepal：がく片，petal：花弁のことである。3種類のアヤメデータ150個からなる。）

コード9.3では，while文を用いることで，fscanf関数を繰り返して，各アヤメのデータを1個ずつ読んでいく，そして，がく片の長さと幅，花弁の長さと幅の合計を求めている。while文が終わったところで，合計を個数で割った値を計算して平均値を出力する。

[ex9-3.c]

```
/* code: ex9-3.c   (v1.16.00) */
#include <stdio.h>
#include <stdlib.h>

#define IRIS_DATA "iris.dat"

int main ()
{
  FILE *fptr;
  float sl, sw, pl, pw;
  float s_sl, s_sw, s_pl, s_pw;
  char name[128];
```

```
  int n;

  if (NULL == (fptr = fopen (IRIS_DATA, "r"))) {
    fprintf (stderr, "ERROR: Can not open file [%s]", IRIS_DATA);
    exit (-1);
  }
  n = 0;
  s_sl = s_sw = s_pl = s_pw = 0.0;
   while (EOF != fscanf (fptr, "%f,%f,%f,%f,%s", &sl, &sw, &pl,
&pw, name)) {
    s_sl += sl;
    s_sw += sw;
    s_pl += pl;
    s_pw += pw;
    n++;
  }
  printf ("iris data : %d¥n", n);
  printf ("avg. sepal length: %f¥n", s_sl / (float) n);
  printf ("avg. sepal width : %f¥n", s_sw / (float) n);
  printf ("avg. petal length: %f¥n", s_pl / (float) n);
  printf ("avg. petal width : %f¥n", s_pw / (float) n);
  fclose (fptr);

  return 0;
}
```

[出力]

```
iris data : 150
avg. sepal length: 5.843335
avg. sepal width : 3.054000
avg. petal length: 3.758667
avg. petal width : 1.198667
```

コード9.3: ファイルを読んでデータ処理をする例

2. 画像ファイルの仕組み

　C言語を利用すれば簡単な画像ファイル等も扱うことが可能である。画像フォーマットには様々なものがあるが，構造が直感的でわかりやすい画像フォーマットの例として，Netpbmの例を考える。

2.1　Netpbm フォーマット

Netpbm と呼ばれる画像フォーマットには以下の 3 種類がある。

（1）the portable bitmap format（PBM）

（2）the portable graymap format（PGM）

（3）the portable pixmap format（PPM）

これらの形式によって異なるタイプの画像が扱える（表9-2）。PBM は 2 値のビットマップ画像，PGM はグレイスケール画像，PPM はフルカラー画像を記録することができる。2 値のビットマップ画像では白と黒が使われる。グレイスケール画像では，複数階調の白・黒の濃淡が使われる。フルカラー画像では RGB 値を利用した画像が表現できる。

表9-2　Netpbm フォーマット

形式	マジックナンバー ASCII	マジックナンバー Binary	画像
Portable BitMap（.pbm）	P1	P4	2 値
Portable GrayMap（.pgm）	P2	P5	グレイスケール
Portable PixMap（.ppm）	P3	P6	フルカラー

```
P2
24 8
15
0   0   0   0   0   0   0   0   0   0   0   0   0   0   0   0   0   0   0   0   0   0   0   0
0   8   8   8   8   8   8   0   0  10   0   0   0   0   0  10   0   0   0   0   0   0  15   0
0   8   0   0   0   0   8   0   0  10   0   0   0   0   0  10   0   0   0   0   0   0  15   0
0   8   0   0   0   0   8   0   0  10   0   0   0   0   0   0   0   0   0   0   0   0  15   0
0   8   0   0   0   0   8   0   0  10   0   0   0   0   0   0  15   0   0   0   0   0  15   0
0   8   0   0   0   0   8   0   0  10   0   0   0   0   0   0  15   0   0   0   0   0  15   0
0   8   8   8   8   8   8   0   0   0  10  10  10  10   0   0   0   0  15  15  15  15   0   0
0   0   0   0   0   0   0   0   0   0   0   0   0   0   0   0   0   0   0   0   0   0   0   0
```

図9-2　PGM（アスキー形式）のデータ

図9-3　グレイスケール画像の例（拡大した画像）

　簡単な例として図9-2のPGM（アスキー形式）のデータファイルは，画像閲覧ソフトウェアによって図9-3のように描画される。このデータでは，P2がマジックナンバーで，ASCII形式のグレイスケール画像であることがわかる。（マジックナンバーとは識別子として使用される具体的な数値のことである。）マジックナンバーに続く数値は，画像が24列×8行の画素からなることを示し，後に続く15という数字は，画像内の最大の画素値を表している。この例では15が最大値で白い画素となり，値が低い画素ほど黒い画素になる（0が最小値）。作成したファイルはソフトウェア（Photoshop，ImageMagick等）を用いて表示できる。また，他の画像ファイルフォーマットに相互変換できる。以下は，

ImageMagickのconvertコマンドを使ってJPEG形式のファイルを8
ビット（256階調）のASCII形式のPGMファイルに変換する例である。

```
$ convert  -depth 8  -compress none  input.jpg  output.pgm
```

3. デジタル画像とフィルタリング

　デジタルカメラ等で撮影されたデジタル画像はファイルとして保存さ
れる。デジタル画像は数値データの集合であり，様々な数値演算を行う
ことで画像を加工することができる。本節ではフィルタリングによる画
像処理について述べる。画像ファイルのデータをメモリへ読み込んで，
メモリ上でデータの輪郭抽出の処理を行った後に，処理したデータを画
像ファイルへ書き出すコードについて考える。

3.1　フィルタリング処理

　フィルタリング（filtering）は，入力となる画素値と周辺の画素値を
使って出力画素値の計算を行う処理である。計算には，フィルタ（filter）
が用いられる。（マスクと呼ばれることもある。）図9-4に示したように，
入力画像の中からフィルタと同じ大きさの領域を取り出し，領域内の画
素値とフィルタ内の値に対して積和演算（multiply-accumulate）を行う。
この例では，入力画像中の3×3領域とフィルタ（3×3）の中にある
同じ位置の各値の掛け算を行って積を求め，得られた9個の積の和を求
める。そして，計算された値を出力画像に書き込む。ただし，出力画像
の値が画像階調の範囲外になるときは正規化や補間を行う。（この例の
フィルタは4近傍のラプラシアンフィルタである。）以上の処理は1画

素分の処理であるため，出力画像を求めるためには入力画像内の領域の位置を順番に移動させながら同様の計算を画素ごとに繰り返す。

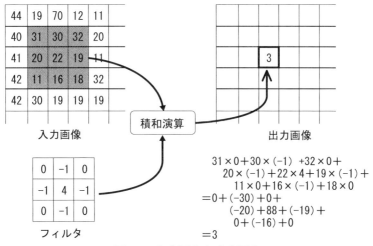

図9-4　入力画像と出力画像

　フィルタリング処理により，図9-5の原画像からは，図9-6のような出力画像を得られる。ラプラシアンフィルタ（Laplacian filter）は，方向に依存しないエッジを抽出できるフィルタであり，様々な方向のエッジを画像から抽出することができる。Irwin E. Sobel博士によって考案されたソーベルフィルタ（Sobel filter）はエッジ抽出に用いられるフィルタで，平滑化と微分の2つの特徴を組み合わせたフィルタである。ソーベルフィルタには，垂直方向の線を抽出できる垂直ソーベルフィルタ（vertical Sobel filter），水平方向の線を抽出できる水平ソーベルフィルタ（horizontal Sobel filter），斜め45度方向の線を抽出できる斜めソーベルフィルタ（diagonal Sobel filter）がある。

図9-5　原画像

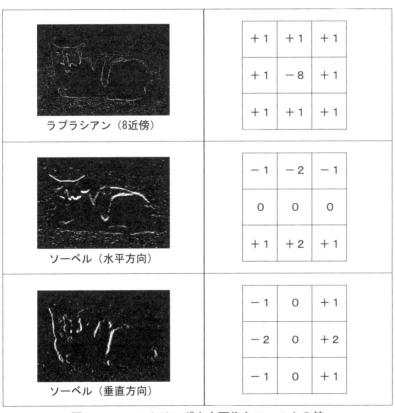

図9-6　フィルタリング出力画像とフィルタの値

演習問題

【問題】

(問9.1)　標準Cライブラリの関数fgetc, fputc, fgets, fputsについて調べなさい。

(問9.2)　2次元デジタル画像に対して，輪郭抽出（エッジ抽出）を行うことができるフィルタを幾つか列挙しなさい。

(問9.3)　チャレンジ問題　コード9.3を変更して，ファイルを配列へ読み込む関数，アヤメのがく片と花弁の縦長と幅長の平均を計算する関数を作成しなさい。アヤメのデータは構造体を用いた配列へ1回読み込むこと。

(問9.4)　チャレンジ問題　画像フィルタリングを行うコードを考えなさい。ラプラシアンフィルタ（8近傍）を使うこと。

(問9.5)　チャレンジ問題 問9.4で作成したコードの一部を変更し，斜め45度方向の線を抽出できるソーベルフィルタで画像フィルタリングを行うコードを考えなさい。

0.0	− 1.0	− 2.0
+1.0	0.0	− 1.0
+2.0	+1.0	0.0

(問9.6)　チャレンジ問題 問9.4で作成したコードの一部を変更し，画像平滑化を行うコードを考えなさい。画像平滑化には以下のガウシアンフィルタの値を使うこと。

$\frac{1}{16}$	$\frac{2}{16}$	$\frac{1}{16}$
$\frac{2}{16}$	$\frac{4}{16}$	$\frac{2}{16}$
$\frac{1}{16}$	$\frac{2}{16}$	$\frac{1}{16}$

152

解答例

（解9.1）　Linux の man ページや C 言語の書籍，web マニュアルなどを参照すること。

書式	説明
int fgetc（FILE *stream）;	stream から次の文字を unsigned char として読み，int にキャストして返す。ファイルの終わりやエラーとなった場合は EOF を返す。

（解9.2）　ラプラシアンフィルタ，ソーベルフィルタ，等。

（解9.3）　コードは Web 補助教材を参照（q9-1.c）。
設計によって，様々な引数や戻り値のスタイルの関数が考えられる。この例では配列を関数の引数としたときに関数の内部の処理において，その配列の要素が変更されていることに注意したい。なお，この例の関数では冗長なローカル変数利用，簡易なエラー処理となっているので工夫して頂きたい。

（解9.4）　コードは Web 補助教材を参照（q9-2.c）。
これは画像フィルタリングを行うコードの一例である。PGM 形式のファイルを読む関数，PGM 形式のファイルを出力する関数，フィルタリングを行う関数から構成されている。コードでは画像データを利用するた

めの2次元配列用のメモリはmalloc関数を用いて確保している（12章を参照）。

（解9.5）　コードはWeb補助教材を参照（q9-3.c）。

（解9.6）　コードはWeb補助教材を参照（q9-4.c）。

10 │ ソーティング

《**目標とポイント**》 バブルソート，選択ソート，挿入ソートなどの基本的な
ソーティングのアルゴリズムについて学び，これらのアルゴリズムのC言語
によるコード例について学習する。また，これらのソーティングアルゴリズ
ムの計算量や特徴について考える。

《**キーワード**》 整列，昇順，降順，バブルソート，選択ソート，挿入ソート，
qsort関数，計算量

1. ソーティング

　ソーティング（sorting;整列）は，データを値の大小関係に従って並
べ替える操作である。ソーティングは多くのソフトウェアにおいて何ら
かの形で使用されている。例えば，表計算ソフトウェアやデータベース
システムで，データを価格順，日付順，年齢順，名前順等で，並べ替え
るといったソーティング操作は頻繁に行われる。値が小さいデータから
大きなデータへと増加するように並べ替えることは昇順(しょうじゅん；
ascending order)，値が大きなデータから小さなデータへと減少するよ
うに並べ替えることは降順（こうじゅん；descending order）と呼ぶ。

2. 基本的なソーティング

　ソーティングには，様々なアルゴリズムがある。ソーティングは大小
の比較によるソーティングとそうでないものに分類することができる。

大小の比較によるソーティングとしては，バブルソート（bubble sort），選択ソート（selection sort），挿入ソート（insertion sort），クイックソート（quicksort），マージソート（merge sort）などがある。そして，大小の直接的な比較によるソーティングは，一番速くても$O(n \log n)$の計算量が必要であることが知られている。データの大小の比較を行わないものとしては，基数ソート（radix sort）やビンソート（bin sort）があり，基数ソートについては次章で述べる。

　バブルソート，選択ソート，挿入ソートは，比較的単純なアルゴリズムであるため，計算機科学では基本的なソーティングとして扱われている。これらの3つのソーティングの平均の計算量は$O(n^2)$であり，これらは効率の良いソーティングではない。したがって，バブルソートや挿入ソートにおいて，データがほぼ整列している状態で，計算量が最良の$O(n)$ に近づくような場合を除いて，これらのソーティングはあまり実用的ではない。

表10-1　ソーティングと計算量

ソーティング手法	平均	最良	最悪
バブルソート	$O(n^2)$	$O(n)$	$O(n^2)$
選択ソート	$O(n^2)$	$O(n^2)$	$O(n^2)$
挿入ソート	$O(n^2)$	$O(n)$	$O(n^2)$

2.1　バブルソート

　バブルソート（bubble sort）は，隣接する要素の値の大小関係を比較し，大小関係が逆であったらそれを入れ替えていくという手法である。バブルとは泡を意味しており，ソーティングの過程で，比較されているデータが移動していく様子が，水中にある空気の泡が上に浮かんでいく様子に似ていることから，この名前がついている。コード10.1はバブル

ソートを行うＣ言語による関数の例である。関数にはデータが格納された配列とソーティングを行うデータの個数が入力として渡される。関数は２重のループとなっており，外側のループは比較する回数，内側のループは比較する要素の添字の位置を決定している。コードでは，隣接する要素の大小関係が逆になっている場合は，配列の要素を入れ替える。出力では，変数と配列の変化をコード中のprintf関数で表示するようになっている。このコード例で，配列の要素10に注目すると，要素10が配列の左側へ水中のバブルのように移動していくことがわかる。平均の計算量は$O(n^2)$であることから，推奨されないソーティングアルゴリズムであるが，ソーティングするデータの並び方によっては，計算量は$O(n)$に近づく。ただし，計算量が$O(n)$となるためには，コード10.1は変更が必要である（問10.4の演習問題を参照）。なお，10.1のバブルソートの関数では，printf関数で変数と配列の値を表示している。

[ex10-1.c]

```c
/* code: ex10-1.c    (v1.16.00) */
#include <stdio.h>
#include <stdlib.h>
/* ---------------------------------------------- */
void print_array (int v[], int n)
{
  int i;
  printf ("array: ");
  for (i = 0; i < n; i++) {
    printf ("%d ", v[i]);
  }
  printf ("\n");
}

/* ---------------------------------------------- */
void bubble_sort (int v[], int n)
{
  int i, j, t;
  for (i = 0; i < n - 1; i++) {
```

```
    for (j = n - 1; j > i; j--) {
      if (v[j - 1] > v[j]) {
      t = v[j];
      v[j] = v[j - 1];
      v[j - 1] = t;
      }
      printf ("i:%d j:%d ", i, j);
      print_array (v, n);
    }
  }
}

/* --------------------------------------- */
int main ()
{
  int array[5]
  = { 30, 50, 20, 10, 40 };
  print_array (array, 5);
  bubble_sort (array, 5);
  print_array (array, 5);
  return 0;
}
```

[出力]

```
array: 30 50 20 10 40
i:0 j:4  array: 30 50 20 10 40
i:0 j:3  array: 30 50 10 20 40
i:0 j:2  array: 30 10 50 20 40
i:0 j:1  array: 10 30 50 20 40
i:1 j:4  array: 10 30 50 20 40
i:1 j:3  array: 10 30 20 50 40
i:1 j:2  array: 10 20 30 50 40
i:2 j:4  array: 10 20 30 40 50
i:2 j:3  array: 10 20 30 40 50
i:3 j:4  array: 10 20 30 40 50
array: 10 20 30 40 50
```

コード10.1：バブルソートの例

2.2 選択ソート

　選択ソート（selection sort）は，データのソーティングされていない部分から最小の部分を選択（selection）し，それを先頭部分へ移動する

という操作を繰り返すソートである。コード10.2は選択ソートのコード
例である。関数には，2重のループがあり，ループによって最小となる
要素の値を探索し，最小となった要素を未ソート部分の先頭の要素と交
換している。計算量は$O((n-1) \times (n \div 2))$となる。よって，データ
の比較回数はバブルソートと同じ計算量の$O(n^2)$となる。

[ex10-2.c]

```c
/* code: ex10-2.c   (v1.16.00) */
#include <stdio.h>
#include <stdlib.h>
/* -------------------------------------------- */
void print_array (int v[], int n)
{
  int i;
  printf ("array: ");
  for (i = 0; i < n; i++) {
    printf ("%d ", v[i]);
  }
  printf ("\n");
}

/* -------------------------------------------- */
void selection_sort (int v[], int n)
{
  int i, j, t, min_index;
  for (i = 0; i < n - 1; i++) {
    min_index = i;
    for (j = i + 1; j < n; j++) {
      if (v[j] < v[min_index]) {
      min_index = j;
      }
      printf ("i:%d j:%d  ", i, j);
      print_array (v, n);
    }
    t = v[i];
    v[i] = v[min_index];
    v[min_index] = t;
  }
}

/* -------------------------------------------- */
```

```
int main ()
{
  int array[5]
  = { 30, 50, 20, 10, 40 };
  print_array (array, 5);
  selection_sort (array, 5);
  print_array (array, 5);
  return 0;
}
```

[出力]

```
array: 30 50 20 10 40
i:0 j:1  array: 30 50 20 10 40
i:0 j:2  array: 30 50 20 10 40
i:0 j:3  array: 30 50 20 10 40
i:0 j:4  array: 30 50 20 10 40
i:1 j:2  array: 10 50 20 30 40
i:1 j:3  array: 10 50 20 30 40
i:1 j:4  array: 10 50 20 30 40
i:2 j:3  array: 10 20 50 30 40
i:2 j:4  array: 10 20 50 30 40
i:3 j:4  array: 10 20 30 50 40
array: 10 20 30 40 50
```

コード10.2：選択ソートの例

2.3　挿入ソート

挿入ソート（insertion sort）は，データの一部分をソーティング済みの状態にしながら，未ソートデータの各要素を1つずつ，ソーティング済み状態の部分に挿入（insert）していく手法である。このソーティングは，トランプゲームにおいて，手持ちのトランプの札を並べ替えておく操作に類似していると例えられる。平均の計算量は$O(n^2)$である。

[ex10-3.c]

```
/* code: ex10-3.c   (v1.16.00) */
```

```
#include <stdio.h>
#include <stdlib.h>
/* ------------------------------------------ */
void print_array (int v[], int n)
{
  int i;
  printf ("array: ");
  for (i = 0; i < n; i++) {
    printf ("%d ", v[i]);
  }
  printf ("\n");
}

/* ------------------------------------------ */
void insertion_sort (int v[], int n)
{
  int i, j, t;
  for (i = 1; i < n; i++) {
    j = i;
    while ((j >= 1) && (v[j - 1] > v[j])) {
      t = v[j];
      v[j] = v[j - 1];
      v[j - 1] = t;
      j--;
      printf ("i:%d j:%d  ", i, j);
      print_array (v, n);
    }
  }
}

/* ------------------------------------------ */
int main ()
{
  int array[5]
  = { 30, 50, 20, 10, 40 };
  print_array (array, 5);
  insertion_sort (array, 5);
  print_array (array, 5);
  return 0;
}
```

[出力]

```
array: 30 50 20 10 40
i:2 j:1  array: 30 20 50 10 40
i:2 j:0  array: 20 30 50 10 40
i:3 j:2  array: 20 30 10 50 40
```

```
i:3 j:1  array: 20 10 30 50 40
i:3 j:0  array: 10 20 30 50 40
i:4 j:3  array: 10 20 30 40 50
array: 10 20 30 40 50
```

コード10.3：　挿入ソートの例

　バブルソートと同様に，データが，ソーティングしようとしている順序でソーティング済みの場合には，高速にソーティングができ，最良の計算量はO(n)となる。例えば，コード10.3の配列の要素をコード10.4のように変更してソーティング済みにするとwhile文の中の処理が実行されない。

[ex10-4.cの一部]

```
...
int array[5] = { 10, 20, 30, 40, 50 };
...
```

[出力]

```
array: 10 20 30 40 50
array: 10 20 30 40 50
```

コード10.4：挿入ソートの例（ソーティング済み配列：10,20,30,40,50）

　逆に，配列の要素がコード10.5のようにソーティングしようとしている順序とは逆にソーティングされているときは，while文の中の処理が繰り返される。

[ex10-5.cの一部]

```
...
int array[5] = { 50, 40, 30, 20, 10 };
...
```

[出力]

```
array: 50 40 30 20 10
i:1 j:0  array: 40 50 30 20 10
i:2 j:1  array: 40 30 50 20 10
i:2 j:0  array: 30 40 50 20 10
i:3 j:2  array: 30 40 20 50 10
i:3 j:1  array: 30 20 40 50 10
i:3 j:0  array: 20 30 40 50 10
i:4 j:3  array: 20 30 40 10 50
i:4 j:2  array: 20 30 10 40 50
i:4 j:1  array: 20 10 30 40 50
i:4 j:0  array: 10 20 30 40 50
array: 10 20 30 40 50
```

コード10.5：挿入ソートの例（逆方向にソーティング済みの配列：50, 40, 30, 20, 10）

演習問題

【問題】

（問10.1）　値が小さいデータから大きなデータへと増加するように並べ替えること，値が大きなデータから小さなデータへと減少するように並べ替えることを，それぞれ何というか答えなさい。

（問10.2）　バブルソート，選択ソート，挿入ソートの平均の計算量を答えなさい。

（問10.3）　バブルソート，選択ソート，挿入ソートの最良の計算量を答えなさい。

（問10.4）　チャレンジ問題 コード10.1のバブルソートは効率が良くない。データ交換の有無を監視してループの実行を制御したバブルソートのコードを考えなさい。

（問10.5）　チャレンジ問題 ソーティングは重要であり，多くのソフトウェアで多用されることから，C言語のライブラリとしてqsort関数が用意されている。qsort関数の実装はコンパイラに依存している。一般的に多くのコンパイラでは最適化され

たクイックソート (quicksort)がqsort関数として用意されている。C言語のqsort関数を利用して整数が入った配列をソーティングするコードを考えなさい。

(問10.6) チャレンジ問題 C言語のqsort関数を利用してアルファベット文字列が入った配列をソーティングするコードを考えなさい。文字列比較にはstrcmp関数を利用すること。

解答例

(解10.1)
✓ 昇順: 値が小さいデータから大きなデータへと増加するように並べ替えること
✓ 降順: 値が大きなデータから小さなデータへと減少するように並べ替えること

(解10.2) 表10-1を参照。3つのソーティングとも平均の計算量は $O(n^2)$ となる。

(解10.3) 表10-1を参照。ソーティングするデータの状態によって、バブルソートと挿入ソートでは最良の計算量が $O(n)$ となることに注意。

（**解10.4**）　コードはWeb補助教材を参照（q10-1.c）。これは入力データの状態によっては，高速な改良型バブルソートの例である。同様のコードはwhile文等を用いても実装できる。

　以下はコードの一部を変更し，乱数10万件で比較した場合である。（バブルソートの計算量の定義からいうと，この改良型のバブルソートが本来のバブルソートであるともいえる。）

バブルソートの関数	対象配列	時間
ex10-1.c	未ソーティング	約11.07秒
ex10-1.c	ソーティング済み	約2.31秒
q10-1.c（改良型バブルソート）	ソーティング済み	約0.01秒以下

使用した計算機（Core i-7 4790K，Linux Fedora 22 86_64，gcc 5.1.1）

（**解10.5**）　コードはWeb補助教材を参照（q10-2.c）。qsort関数の情報についてはmanページ（オンラインマニュアルページ）等を参照すること（例：$ man qsort）。なお，クイックソートの計算量は以下の通りである。

ソーティング手法	平均	最良	最悪
クイックソート	$O(n \log n)$	$O(n \log n)$	$O(n^2)$

（**解10.6**）　コードはWeb補助教材を参照（q10-3.c）。strcmp関数の引数などの情報についてはmanページ等を参照すること。

11 | 高速なソーティング

《目標とポイント》 値の大小比較による高速なソーティング例として，ク
イックソートについて学習する。クイックソートは分割統治アルゴリズムで
あり，再帰プログラムで実現することができる。本章では，C言語によるクイッ
クソートの実装について学ぶ。また，値の大小の比較によらないソーティン
グの例として，基数ソートについて学習する。
《キーワード》 クイックソート，分割統治，再帰，スタックと再帰，基数ソー
ト

1. 高速なソーティング

　ソーティングのアルゴリズムには様々なものがある。前章（10章）で
述べた，バブルソート，選択ソート，挿入ソートは平均の計算量が$O(n^2)$
となるようなアルゴリズムである。本章では，再帰的な考え方を利用し
たクイックソートについて考える。これは平均の計算量が$O(n \log n)$
となる高速なソーティングである。また，ソーティングするデータ値の
とりうる範囲を限定することによって，線形時間での高速なソーティン
グを実現するアルゴリズムの例として基数ソートについて考える。

表11-1　代表的な高速ソーティングアルゴリズムと計算量
（※ d は数値の桁数）

ソーティング手法	平均	最良	最悪
クイックソート	$O(n \log n)$	$O(n \log n)$	$O(n^2)$
マージソート	$O(n \log n)$	$O(n \log n)$	$O(n \log n)$
基数ソート	$O(dn)$	$O(dn)$	$O(dn)$
ビンソート	$O(d+n)$	$O(d+n)$	$O(n^2)$

※マージソートとビンソートについては本書では説明していない。

2. クイックソート

クイックソート（quicksort）は，1962年にHoare博士によって発明され，Partition-Exchange Sortという呼び名でも知られている。クイックソートは，その名前の通り，値を比較する内部ソーティングとしては平均計算量が $O(n \log n)$ でかつ実用的に最も速いことで知られている。

クイックソートは分割統治アルゴリズム（divide and conquer algorithm）としても知られている。分割統治とは，大きな問題があり，そのままでは解決が困難であるとき，その問題を小さな解決可能な問題に分割する。そして，小さくなった個々の問題を解決していくことで，最終的に大きな問題を解決する方法をいう。クイックソートは，この分割統治法の考えを応用したものである。

クイックソートでは，まず，ソーティングの対象となるデータ配列を2つの部分配列に分割する。分割に利用する配列の要素はピボット（pivot；枢軸）と呼ばれる。ピボットによって分割された，部分配列に対して再帰呼び出しによるクイックソートを行うという操作を繰り返す。この再帰的な手続きには3つのステップがある。

168

1）部分配列を小さな値と大きな値のグループで分割する。
2）小さな値のグループに関して再帰呼び出しを行いソーティングする。
3）大きな値のグループに関して再帰呼び出しを行いソーティングする。

　コード11.1は，C言語による再帰関数を利用したクイックソートである。クイックソートにはピボット選択方法等を改良した派生版のクイックソートが多数存在する。コード11.1は最も基本的なクイックソートの例である。なお，この例では，クイックソートの呼び出し時，leftに最小の添字の値，rightに最大の添字の値を設定している。（クイックソートの動きを理解するためには，変数の変化を観察すると良い。問11.4を参照。）

[ex11-1.c]

```c
/* code: ex11-1.c   (v1.16.00) */
#include <stdio.h>
#include <stdlib.h>

/* -------------------------------------------- */
void print_array (int v[], int n)
{
  int i;
  printf ("array: ");
  for (i = 0; i < n; i++) {
    printf ("%d ", v[i]);
  }
  printf ("\n");
}

/* -------------------------------------------- */
int partition (int v[], int lower_bound, int upper_bound)
{
  int a, down, up, temp;

  a = v[lower_bound];
  up = upper_bound;
  down = lower_bound;
```

```
  while (down < up) {
    while ((v[down] <= a) && (down < upper_bound)) {
      down++;
    }
    while (v[up] > a) {
      up--;
    }
    if (down < up) {
      temp = v[down];
      v[down] = v[up];
      v[up] = temp;
    }
  }
  v[lower_bound] = v[up];
  v[up] = a;
  return up;
}
/* ------------------------------------- */
void quicksort (int v[], int left, int right)
{
  int p;
  if (left >= right) {
    return;
  }
  p = partition (v, left, right);
  quicksort (v, left, p - 1);
  quicksort (v, p + 1, right);
}
/* ------------------------------------- */
int main ()
{
  int array[10]
  = { 80, 40, 30, 20, 10, 00, 70, 90, 50, 60 };

  print_array (array, 10);
  quicksort (array, 0, 9);
  print_array (array, 10);

  return 0;
}
```

［出力］

```
array: 80 40 30 20 10 0 70 90 50 60
array: 0 10 20 30 40 50 60 70 80 90
```

コード11.1： クイックソート

3. 基数ソート

　ソーティングはキーの値の大小の比較によるソーティングとそうでないものに分類することができる。大小の比較によるソーティングとしては，バブルソート，選択ソート，挿入ソート，クイックソート，マージソートなどがある。これらの大小比較によるソーティングでは，一番高速なソーティングでも $O(n \log n)$ の平均の計算量が必要であることが証明されている。平均の計算量が $O(n \log n)$ となるものとしては，クイックソートやマージソートがある。

　キーの大小の比較を行わないものとしては，基数ソート（radix sort），ビンソート（bin sort），数え上げソート（counting sort）などがある。これらはソーティングするデータ値のとりうる範囲を限定することによって，最良の場合，計算量 $O(n)$ でソーティングを実現することができる。これらのソーティングは線形時間ソーティングアルゴリズム（linear time sorting algorithm）であり，計算量 $O(n \log n)$ のソーティングよりも高速になる。

　基数ソート（radix sort）は，ソーティングするデータ値がすべて d 桁の数値であることが前提条件になる。これは入力データの値は基数 d であることを意味する。（基数とは数値を表現するときに，各桁の重み

付けの基本となる数のことである。）つまり，基数ソートでは入力とな
るデータに制限がかかり，ソーティングするデータ値のとる範囲がわ
かっている必要がある。データ数がnのとき，ソーティングの計算量は
$O(dn)$ となる。基数ソートは，以下のようなステップで実現される。
1）各データの最小の位の桁を調べる
2）その桁の値に基づいてデータをソーティングし，リストを作成する
3）上位となる位の桁にも同様のソーティングを繰り返す

　以下の10個の数値に対して基数ソートを行う例を考える。
　12, 19, 10, 28, 30, 1, 502, 16, 34, 177

ステップ①
　この10個の数値を左から順番に，１の位の数字に基づいてリストに追
加していく。例えば，最初の数字12は１の位の数値が２である。

数字	リスト
0	1<u>0</u>, 3<u>0</u>
1	<u>1</u>
2	1<u>2</u>, 50<u>2</u>
3	
4	3<u>4</u>
5	
6	1<u>6</u>
7	17<u>7</u>
8	2<u>8</u>
9	1<u>9</u>

ステップ②

　次にステップ①で得られたリストを各数字のリストの順番で列挙すると以下の順番で数字が得られる。

　10, 30, 1, 12, 502, 34, 16, 177, 28, 19

　これをステップ①のときと同様に今度はこの列挙した数値を左から順番に, 10の位の数字に基づいてリストに追加していく。（1は01とする。）

数字	リスト
0	0̲1̲, 5̲0̲2
1	1̲0, 1̲2, 1̲6, 1̲9
2	2̲8
3	3̲0, 3̲4
4	
5	
6	
7	1̲7̲7
8	
9	

ステップ③

　ステップ②で得られたリストを各数字のリストの順番で列挙すると以下の順番で数字が得られる。

　1, 502, 10, 12, 16, 19, 28, 30, 34, 177

　今度はこの列挙した数値を左から順番に, 100の位の数字に基づいてリストに追加していく。（1は001とする。他も同様。）

数字	リスト
0	001, 010, 012, 016, 019, 028, 030, 034
1	177
2	
3	
4	
5	502
6	
7	
8	
9	

ステップ④

　ステップ③で得られたリストを各数字のリストの順番で列挙すると以下の順番で数字が得られる。ここで，最大値の桁数は3であり，3回のステップを繰り返しているので，以下がソーティング済みの数値結果となる。

　1, 10, 12, 16, 19, 28, 30, 34, 177, 502

　コード11.2は基数ソートを行うコードの一例である。ただし，このコード例は，一時的な配列の初期化や配列間のデータ移動等があり効率が良くない。基数ソートでは連結リスト等を利用した効率の良い実装が存在する。基数ソートの効率はソーティングするデータの桁数に大きく依存する。また，文字列のようなものをソーティングする場合には文字の長さがソーティング効率に影響してくる。つまり，平均の計算量が$O(dn)$であることからもわかるように，ソーティングするデータ値の基数dが，小さな値でないと高速なソーティングとはならない。また，基数ソート

の実装では，リストへのデータ挿入，データ削除，使用する桁の数値の取り出し等の処理がソーティングするデータの性質に依存することから，他のソーティング手法と比べて汎用性が低い。

[ex11-2.c]

```
/* code: ex11-2.c    (v1.16.00) */
#include <stdio.h>
#include <stdlib.h>
#define MAX 10

/* ---------------------------------------- */
void print_array (int v[], int n)
{
  int i;
  printf ("array: ");
  for (i = 0; i < n; i++) {
    printf ("%4d ", v[i]);
  }
  printf ("\n");
}

/* ---------------------------------------- */
void radix_sort (int a[], int n)
{
  int i, max, exp;
  int temp[MAX];
  int bucket[10];

  max = 0;
  exp = 1;
  for (i = 0; i < n; i++) {
    if (a[i] > max) {
      max = a[i];
    }
  }
  while (max / exp > 0) {
    for (i = 0; i < 10; i++) {
      bucket[i] = 0;
    }
    for (i = 0; i < n; i++) {
      bucket[a[i] / exp % 10]++;
    }
    for (i = 1; i < 10; i++) {
```

```
      bucket[i] += bucket[i - 1];
    }
    for (i = n - 1; i >= 0; i--) {
      temp[--bucket[a[i] / exp % 10]] = a[i];
    }
    for (i = 0; i < n; i++) {
      a[i] = temp[i];
    }
    exp *= 10;
    print_array (a, n);
  }
}
/* ------------------------------------------- */
int main ()
{
  int array[MAX]
  = { 12, 19, 10, 28, 30, 01, 502, 16, 34, 177 };
  print_array (array, 10);
  radix_sort (array, 10);
  print_array (array, 10);

  return 0;
}
```

[出力]

```
array:   12   19   10   28   30    1  502   16   34  177
array:   10   30    1   12  502   34   16  177   28   19
array:    1  502   10   12   16   19   28   30   34  177
array:    1   10   12   16   19   28   30   34  177  502
array:    1   10   12   16   19   28   30   34  177  502
```

コード11.2：基数ソート

演習問題

【問題】

（問11.1）　クイックソートの平均の計算量と最悪の計算量について答えなさい。

（問11.2）　クイックソートはどのようなときに最悪の計算量になるか説明しなさい。

（問11.3）　以下の7個の文字列をアルファベット順に基数ソートをしなさい。計算過程も示すこと。
SUN, MON, TUE, WED, THU, FRI, SAT

（問11.4）　チャレンジ問題 コード11.1を改変してクイックソート実行時の変数pivot，変数left，変数right，配列vの要素を出力するようにしなさい。また，再帰の深さを出力するためにクイックソートの関数の引数を増やし，変数levelで再帰の深さを記録しなさい。

（問11.5）　チャレンジ問題 コード11.1のクイックソートは関数の再帰を利用したものである。再帰を使わずにスタックを利用したクイックソートについて考えなさい。

（問11.6）　チャレンジ問題 コード11.1を変更し，乱数データ100,000,000
　　　　　個（1億個）をクイックソートしたときにかかる時間を計測
　　　　　しなさい。時間の計測にはtimeコマンドを利用すること。

（問11.7）　チャレンジ問題 マージソートについて調査し，マージソー
　　　　　トのコードを考えなさい。

解答例

（解11.1）　クイックソートの計算量

ソーティング手法	平均	最良	最悪
クイックソート	$O(n \log n)$	$O(n \log n)$	$O(n^2)$

（解11.2）　最悪の場合は最大（あるいは最小）の要素を分割要素に選
択した場合で，既にソーティング済み（あるいは逆方向にソーティング
済み）のデータ等で最悪になる。ただし，これは基本的なクイックソー
トの場合で，幾つかの改良型クイックソートでは問題が解決されている。

（解11.3） 以下は基数ソート実行の各ステップである。（※本来ならアルファベット26文字分のリストが使用されるが，空となるアルファベットのリストは省略している。）

① SUN, MON, TUE, WED, THU, FRI, SAT

D	WE<u>D</u>
E	TU<u>E</u>
I	FR<u>I</u>
N	SU<u>N</u>, MO<u>N</u>
T	SA<u>T</u>
U	TH<u>U</u>

② WED, TUE, FRI, SUN, MON, SAT, THU

A	S<u>A</u>T
E	W<u>E</u>D
H	T<u>H</u>U
O	M<u>O</u>N
R	F<u>R</u>I
U	T<u>U</u>E, S<u>U</u>N

③ SAT, WED, THU, MON, FRI, TUE, SUN

F	<u>F</u>RI
M	<u>M</u>ON
S	<u>S</u>AT, <u>S</u>UN
T	<u>T</u>HU, <u>T</u>UE
W	<u>W</u>ED

④　FRI, MON, SAT, SUN, THU, TUE, WED　（←　最終的なソーティング結果）

（解11.4）　コードはWeb補助教材を参照（q11-1.c）。以下の出力例では，"*" が再帰の深さを表している。

```
array: 30 40 80 20 10 0 70 90 50 60
***[pivot:1 left:0 right:1]
**[pivot:2 left:0 right:2]
****[pivot:7 left:6 right:7]
***[pivot:5 left:4 right:7]
**[pivot:8 left:4 right:9]
*[pivot:3 left:0 right:9]
array: 0 10 20 30 40 50 60 70 80 90
```

（解11.5）　コードはWeb補助教材を参照（q11-2.c）。
再帰のコードは，スタックを利用した同等のコードに書き換えることができる。なお，このコード例では大量のデータは扱えない。大量のデータを扱う場合は，ヒープメモリ領域へメモリを確保する等の変更がいる。

（解11.6）　コードはWeb補助教材を参照（q11-3.c）。
例：Intel Core i7-4790K（4.0GHz）で１億個の乱数をクイックソートすると約８秒程度であった。なお，以下のようなコマンドの使用で，プログラム全体の時間を計測できる。

```
$ time ./q11-3
```

これとは別の方法で，C言語のコードに時間を計測する命令を入れて，特定の関数などにかかる時間を測るには，time( )，clock( )，gettimeofday( )，などを利用することができる。ただし，これらの時間に関する命令はコンパイラ，OS，コンピュータアーキテクチャに依存するので注意して頂きたい。

（解11.7）　コードはWeb補助教材を参照（q11-4.c ）。
マージソートは，平均，最良，最悪の計算量が$O(n \log n)$となる高速なソーティングである。

12 | メ モ リ

《**目標とポイント**》　メモリはコンピュータプログラムにとって主要な資源の一つである。プログラムを作成するにあたって，メモリがプログラムでどのように利用できるか知っておくことは重要である。本章では，一般的なコンピュータにおけるプログラムのメモリレイアウトについて学習する。また，C言語における要素数の大きな配列の利用方法などについて考える。

《**キーワード**》　メモリ，プログラム内蔵式計算機，メモリレイアウト，セグメント，ガベージコレクション，スタックメモリ領域，ヒープメモリ領域

1. プログラム内蔵式計算機とメモリ

　プログラム内蔵式計算機（stored-program computer；プログラム記憶方式計算機）は，処理するプログラムを外部ハードディスク等から主記憶装置に格納しておいて，CPU（Central Processing Unit；中央演算処理装置）がそれを読み込みながら処理を行うコンピュータアーキテクチャの方式である。これは，ジョン・フォン・ノイマン博士（John von Neumann）によって提唱された。現在でも多くのコンピュータがこの方式で設計されている。プログラム内蔵式計算機では，メモリにデータだけでなくプログラムも格納される。一般的なコンピュータでは，プログラムのメモリとデータのメモリは，同じメインメモリに格納される。

　プログラムがメモリに割り当てられるとき，一般的なメモリレイアウトは，図12-1のようにメモリは幾つかのセグメントに分類される。（た

だし，メモリレイアウトはオペレーティングシステムやコンパイラ処理系に依存する。）各メモリセグメントは以下のような特徴を持つ。

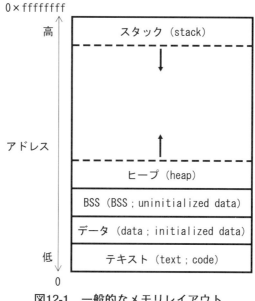

図12-1　一般的なメモリレイアウト

- textセグメント：codeセグメントとも呼ばれる。実行されるプログラムのコード，命令（instruction）が保存される。
- dataセグメント：initialized dataセグメントと呼ばれることもある。初期値を持つ変数が保存される。初期値を持つ，グローバル（global），定数（constant），エクスターン（externまたは，external）などの変数。
- bssセグメント：uninitialized dataセグメントとも呼ばれることもある。初期値を持たない変数が保存される。bssは"Block Storage Start"の頭字語である。初期値を持たない，グローバル（global），

スタティック（static），エクスターン（extern または，external）などの変数。data（initialized）セグメントと bss（uninitialized）セグメントを区別するのは，オブジェクトファイルにおいて初期値のためのディスク領域が節約できるためである。

● heap セグメント：動的メモリが保存される部分。プログラムで malloc 関数等が実行時にメモリを確保する。free 関数でメモリが解放される。

● stack セグメント：ローカル変数（local variable；局所変数）や関数呼び出し情報が保存される。

　Linux 等で GNU size コマンドを利用すると，以下のように実際に各セグメントの大きさを調べることも可能である。これはコード12.1の実行ファイルを size コマンドで調べた例である。

```
$ size  ex12-1
   text    data    bss    dec    hex    filename
   1478     564      4   2046    7fe    ex12-1
```

　C言語等のプログラミング言語では，変数や配列などがどのメモリセグメントに確保するかによって，利用できるメモリの容量やスコープなどに違いが生じる。次節では，C言語における要素数の大きな配列の利用について考える。

2. 大きな配列の利用

　C言語による大きな配列の利用には幾つかの手法がある。

2.1 配列とスタックメモリ

　コード12.1は，整数型の要素を3,000,000個（3百万個）配列に確保して，配列の要素をすべて100という値で初期化し，配列の添字0から9までの10個の要素の値を出力しようとするものである。

[ex12-1.c]

```
/* code: ex12-1.c   (v1.16.00) */
#include <stdio.h>
#include <stdlib.h>
#define ARRAY_SIZE 3000000

int main ()
{
  int array[ARRAY_SIZE];
  int i;
  for (i = 0; i < ARRAY_SIZE; i++) {
    array[i] = 100;
  }
  for (i = 0; i < 10; i++) {
    printf ("%d ", array[i]);
  }
  return 0;
}
```

コード12.1：大きな配列とスタックメモリ

　この実行結果はシステム依存するが，Linux（Fedora 21 x86_64; gcc 4.9.2）では，以下のように「コアダンプ」という結果になった。

```
$ ./ex12-1
Segmentation fault (コアダンプ)
```

　Linux等のシステムでは，bashやshのulimitコマンドを使用して，スタックメモリの上限を調べることができる。以下の例のように，このシ

ステムの例では, 約8192kbyte（8MB[1]）が利用できることがわかる。（csh
やtcshでは, limitコマンドが使える。）

```
$ ulimit -s
8192
```

　コード12.1を考えると, このシステムの場合, 整数の配列には3,000,000
（個）×4（bytes）の約12MBがスタックメモリに必要であるが, 使用
できるスタックメモリは8MBしかない。そのためsegmentation fault「コ
アダンプ」というエラーになる。そこで, 使用するスタックメモリの上
限を以下のように約15MBに増加する。（以下の例ではrootユーザで実
行している。）

```
# ulimit -s 15000
```

　スタックメモリ増加の後に, 同じプログラムを実行すると, 以下のよ
うにスタックメモリを確保でき, プログラムが正常に動作する。しかし,
このような手法はコードの汎用性を考慮するとあまり良い解決とはいえ
ない。

```
# ./ex12-1
100 100 100 100 100 100 100 100 100 100
```

2.2　配列と静的メモリ
　グローバル変数は, 関数内部で宣言されない変数で, すべてのスコー

※1：本書では, 一般的にあまり普及していないので, IEC（International
Electrotechnical Commission）の2進数に基づいた表記を用いていない。例えば,
キビバイト（KiB）, メビバイト（MiB）, ギビバイト（GiB）に対して, キロバイ
ト（KB）, メガバイト（MB）, ギガバイト（GB）の表記を用いている。

プから参照できる変数である，そして，プログラムの実行中は存在し続ける変数である。それに対して，ローカル変数は関数内部で宣言される変数で，関数の実行中は存在する変数である。

　コード12.2は，コード12.1とほぼ同様のコードであるが，配列はグローバル変数として宣言している。グローバル変数やstatic 指定子をつけて宣言された変数は静的領域（static area）に確保される。静的領域に確保された変数はプログラムの終了まで確保される。つまり，スタックメモリ領域ではない場所に配列のメモリが確保されるため，コード12.2では，多くの要素を持つ大きな配列を扱うことができる。しかし，すべてのスコープから参照できるグローバル変数の多用は推奨されていない。

[ex12-2.c]

```
/* code: ex12-2.c   (v1.16.00) */
#include <stdio.h>
#include <stdlib.h>
#define ARRAY_SIZE 3000000

int array[ARRAY_SIZE];

int main ()
{
  int i;
  for (i = 0; i < ARRAY_SIZE; i++) {
    array[i] = 100;
  }
  for (i = 0; i < 10; i++) {
    printf ("%d ", array[i]);
  }
  return 0;
}
```

[出力]

```
100 100 100 100 100 100 100 100 100 100
```

コード12.2：大きな配列とグローバル変数

2.3 配列とヒープメモリ領域

コード12.3は，malloc関数を用いてヒープメモリ領域から配列用のメモリを確保している。そして，メモリを使い終わった後はfree関数によりメモリを解放している。メモリは有限のリソースであるため，malloc関数でメモリを確保しようとしても失敗する場合がある。メモリ確保に失敗した場合はmalloc関数からNULLが返される。コード12.3ではメモリ確保に失敗したときの処理をif-else文を利用して付け加えている。

malloc関数で確保したメモリは使用後にfree関数で解放する必要がある。メモリの解放を忘れ，次々とメモリを確保し続けることはメモリリーク（memory leak）と呼ばれる。メモリリークによってメモリが不足すると，プログラムやOSが異常終了する場合や，実行速度が低下する場合がある。コードのメモリリークを発見するためのソフトウェアツールなども存在する。プログラミング言語によっては，メモリの管理・解放を自動化し，動的に確保したメモリで不要になったメモリを自動的に解放する，ガベージコレクション（garbage collection）と呼ばれる機能を持つものもある。

メモリ解放を行うfree関数を忘れるとメモリリークを起こす原因にもなるため注意が必要である。特にfree関数で一度開放したメモリをさらにもう一度free関数で開放すると大きな問題を引き起こすことがある。（このような問題の対処法としては，コード12.3を例とすると，free（array）;でメモリ開放した後に，array=NULL; という文を付加して安全性を高めるテクニックなどがある。）

[ex12-3.c]

```
/* code: ex12-3.c   (v1.16.00) */
#include <stdio.h>
#include <stdlib.h>
```

```
#define ARRAY_SIZE 3000000

int main ()
{
  int *array;
  int i;

  array = malloc (sizeof (int) * ARRAY_SIZE);

  if (NULL == array) {
    fprintf (stderr, "Error: malloc() \n");
    exit (-1);
  }
  else {
    for (i = 0; i < ARRAY_SIZE; i++) {
      array[i] = 100;
    }
    for (i = 0; i < 10; i++) {
      printf ("%d ", array[i]);
    }
    free (array);
  }

  return 0;
}
```

[出力]

```
100 100 100 100 100 100 100 100 100 100
```

コード12.3：大きな配列とヒープメモリ

┌─ **コラム** 「mallocの発音」──────────────────────────┐

mallocは，memory allocation（メモリ確保；メモリ割り当て）のことである。mallocの呼び方には幾つかあり，日本国内では，「マロック」，「エムアロック」，「メイロック」等で呼ばれる。英語圏では，「マルロック」に近い発音がされることが多いようである。どの呼び方が正しいのかは諸説あり，宗教的な議論となるので学校や職場での慣例に従って頂きたい。

簡略化されたコンピュータ用語の中には，発音が定かでないものが多い。有名なものとしては，Unix系のコマンドで正規表現を扱うgrepがある。これは「グレップ」，「グリープ」と発音され，英語圏のネイティブスピーカーでも発音の仕方が異なる。また，組版システムとして知られるTeXの発音は，主に日本国内では「テフ」が正しいとされているが，英語圏では「テック」，「テックス」という発音も広く使われている。

└──────────────────────────────────────┘

┌─ **コラム** 「malloc関数とキャスティング」──────────────────┐

malloc関数の定義をman page等で確認すると以下のようになっている。malloc関数は，返り値としてvoid*を返すようになっている。

```
void *malloc (size_t size) ;
```

以下のコードでは，左辺と右辺の型を一致させるために，(int*)でキャスト（type casting；型変換）を行っている。キャストとは，型を意図的に異なる型に変換することで，キャスト演算子を使う。

└──────────────────────────────────────┘

```
int  *b;
b = (int*) malloc( sizeof(int) * 10 );
```

　多くの有名なC言語の書籍でもこのような記述を推奨しており，比較的古いコンパイラにおいては，このようなキャストをしないとコンパイル時に警告が出される。しかし，近年のコンパイラでは警告を出さないようになっている。最新のANSI Cでは，void*型に対しては明示的なキャストは不要になっているため，以下のような記述でも問題ない。

```
int  *b;
b = malloc( sizeof(int) * 10 );
```

　また，キャストでのバグ発見が困難になることから，malloc関数ではキャストを使用すべきでないという意見が比較的新しい書籍等では多い。（ただし，C++言語ではキャストが必要になる。）
　malloc関数のキャストに関してはプログラムの開発環境やコンパイラに依存する部分があるので，学校や職場での方針に従ってプログラミングを行って頂きたい。なお，本印刷教材ではmalloc関数使用時にキャストを行わないコードになっているので，必要に応じてプログラムを変更して頂きたい。

3. 多次元配列

前節では大きな配列の利用法の事例について考えた。また，malloc関数とfree関数を利用した大きな配列の利用について述べた。本節では，malloc関数とfree関数を利用した大きな多次元配列について考える。

3.1　2次元配列の例①

多くのプログラミング言語では，配列は1次元だけではなく2次元や3次元といった多次元配列を作ることができる。コード12.4は，malloc関数とfree関数を利用した2次元配列である。なお，コード12.4と12.5では，malloc関数がメモリを確保できなかったときのエラー処理は省略している。

[ex12-4.c]

```
/* code: ex12-4.c   (v1.16.00) */
#include <stdio.h>
#include <stdlib.h>

/* ------------------------------------------- */
int main ()
{
  int **array;
  int i, j, rows, columns;

  rows = 768;
  columns = 1024;

  array = malloc (rows * sizeof (int *));
  for (i = 0; i < rows; i++) {
    array[i] = malloc (columns * sizeof (int));
  }

  for (i = 0; i < rows; i++) {
    for (j = 0; j < columns; j++) {
      array[i][j] = rand () % 10;
```

```
    }
  }

  for (i = 0; i < rows; i++) {
    for (j = 0; j < columns; j++) {
      printf ("%d ", array[i][j]);
    }
    printf ("\n");
  }

  for (i = 0; i < rows; i++) {
    free (array[i]);
  }
  free (array);

  return 0;
}
```

[出力]

```
3 6 7 5 3 5 6 2 9 1 2 7 0 9 3 6 0 6 2 6
```

コード12.4:　malloc関数とfree関数を利用した2次元配列（例①）

　コード12.4では，2次元配列を，図12-2のように配列の配列としてヒープメモリ領域に配列用メモリを確保している。このコードでは行（row）となる配列を確保し，その後，各行に対して列（column）となる配列のメモリを確保することで2次元配列を実現している。なお，図12-2の例と違い，列となる配列のサイズが異なっており，同一の次元内でのサイズが同じでないものはジャグ配列（jagged array）と呼ばれる。

　コード12.4のようなメモリ確保を一度行えば，一般的な2次元配列の添字を指定する書式で，各配列要素にアクセスが可能である（例：array[i][j] = 0;）。しかし，この方式では，列となる配列のメモリを確保するごとにmalloc関数が使われるため，ヒープメモリ領域で確保される配列用のメモリが連続的に確保される保障はなく，メモリのフラグメ

ンテーション（memory fragmentation；メモリ断片化）が起こる可能
性がある。

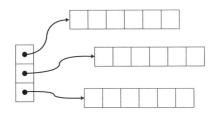

図12-2　配列とメモリ（２次元配列の例①）

3.2　２次元配列の例②

　コード12.5もコード12.4と同様に，２次元配列をヒープメモリ領域に
配列用メモリを確保している。しかし，このコードの場合は，図12-2の
ように，列となる配列のメモリを個別に確保するのではなく，図12-3の
ように，１つの大きな１次元配列として確保している。そのため，コー
ド12.4のようにフラグメンテーションが起きないが，ジャグ配列のよう
な使い方には向かない。

[ex12-5.c]

```
/* code: ex12-5.c   (v1.16.00) */
#include <stdio.h>
#include <stdlib.h>

/* ------------------------------------- */
int main ()
{
  int **array;
  int i, j, rows, columns;
```

```
  rows = 768;
  columns = 1024;

  array = malloc (rows * sizeof (int *));
  array[0] = malloc (rows * columns * sizeof (int));
  for (i = 1; i < rows; i++) {
    array[i] = array[0] + i * columns;
  }

  for (i = 0; i < rows; i++) {
    for (j = 0; j < columns; j++) {
      array[i][j] = rand () % 10;
    }
  }

  for (i = 0; i < rows; i++) {
    for (j = 0; j < columns; j++) {
      printf ("%d ", array[i][j]);
    }
    printf ("\n");
  }

  free (array[0]);
  free (array);

  return 0;
}
```

[出力]

```
3 6 7 5 3 5 6 2 9 1 2 7 0 9 3 6 0 6 2 6
```

コード12.5：　malloc関数とfree関数を利用した２次元配列（例②）

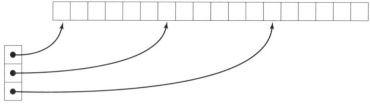

図12-3　配列とメモリ（２次元配列の例②）

演習問題

【問題】

（問12.1）　ガベージコレクションとは何か簡単に説明しなさい。

（問12.2）　Ｃ言語のグローバル変数について簡単に説明しなさい。

（問12.3）　Ｃ言語のローカル変数について簡単に説明しなさい。

（問12.4）　チャレンジ問題 コード12.4を拡張し，"３次元配列のメモ
　　　　　　リ確保"と"３次元配列のメモリ解放"を行うプログラムを
　　　　　　作成しなさい。

（問12.5）　チャレンジ問題 コード12.4を拡張し，"２次元配列のメモ
　　　　　　リ確保"と"２次元配列のメモリ解放"を行う２つの関数を
　　　　　　作成しなさい。

解答例

（解12.1）　メモリの管理・解放を自動化し，動的に確保したメモリで不要になったメモリを自動的に解放する機能のこと。

（解12.2）　グローバル変数は，関数内部で宣言されない変数で，すべてのスコープから参照できる変数であり，プログラムの実行中は存在し続ける変数である。

（解12.3）　ローカル変数は関数内部で宣言される変数で，関数の実行中は存在する変数である。

（解12.4）　コードはWeb補助教材を参照（q12-1.c）。3次元になるためfor文のコードが増えている。

（解12.5）　コードはWeb補助教材を参照（q12-2.c）。関数化によって，メモリ確保とメモリ解放の処理が汎用化できる。

13 | 連結リスト

《**目標とポイント**》 連結リストは基本的なデータ構造の一つである。本章では，連結リストの，データの挿入と削除といった主要な操作について学ぶ。また，データの探索，表示等の操作についても学習し，C言語による連結リストの実装について考える。そして，連結リストと配列を比較してその利点や問題点について考える。また，連結リストの操作に関する計算量について学習する。

《**キーワード**》 リスト，連結リスト，ノード，挿入，削除，探索，表示，計算量

1. 連結リスト

　6章で述べた配列は，直観的にわかりやすくデータを格納できる便利な構造を持っている。また，配列のデータは添字を利用して定数時間で高速にアクセスすることが可能である。しかし，古典的なプログラミング言語においては，配列に格納するデータのサイズを宣言した後は，配列のサイズを変更するのが困難である。そのため，あらかじめ使用する配列のデータ数を見積もっておく必要がある[※1]。近代的なプログラミング言語では，可変長配列と呼ばれる要素数によって自動的に要素数が拡張する配列を利用できるものもあるが，配列の性質上，配列の添字とデータ位置は固定された関係になるため，既にデータで埋まっている位置へデータ挿入を行ったり，データ削除によって生じる空きを埋めよう

※1：C言語ではmalloc関数，free関数を用いればヒープメモリ領域に動的に配列を確保・解放できる。また，realloc関数によって配列要素数を変更することも可能である。

としたりすると配列の要素を移動するという高負荷な処理が必要になる。

　本章で説明する連結リスト（linked list；リンク・リスト；リンクト・リスト；線形リスト；片方向連結リスト）と呼ばれるデータ構造を用いると，利用したいデータの個数だけメモリを確保したり，メモリ解放したりできるのでメモリを効率的に利用できる。また，連結リストでは，データ間の相対的な位置の変更が簡単であるため，配列のようにデータの挿入や削除によって生じる大量のデータ移動のような高負荷な処理が起こらない。

　図13-1は，5つの整数データ（20, 16, 45, 70, 80）を格納した配列（上）と連結リスト（下）の例である。この例では，配列は10個の整数型データを格納できるようになっており，配列の添字0から4までの位置に，5つのデータが格納されている。連結リストは，整数型のデータを格納する部分と，ポインタ部分からなる構造体でできている。この構造体で表現されたデータはノード（node）と呼ばれる。この例では，5つのノードに5つの整数データが格納されている。各ノードは，ポインタ（pointer）によって連結されており，ポインタ部分には，連結する次のノードを指し示すメモリアドレス値が記録されている。連結リストの最後のノードには，次に連結するノードがないので，ポインタ部分は空を意味する斜線となっている。C言語の場合には，NULLポインタが記録される（プログラミング言語によってはNILという表現が使われる）。なお，このようなデータの終了などを示すために配置される特殊なデータは番兵（sentinel；センチネル）と呼ばれることもある。

配列　　int a [10];

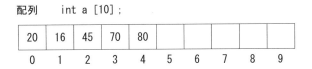

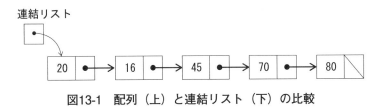

図13-1　配列（上）と連結リスト（下）の比較

　連結リストをC言語で実装する場合，図13-2のような構造体の宣言がプログラムで利用される。node構造体のメンバーは，dataという整数型の変数，nextという次のノードを指し示すためのポインタで構成されている。そしてtypedefという既存のデータ型に新たな名前をつける宣言（type defineの意味）によって，node構造体にNODE_TYPEという名前をつけている。

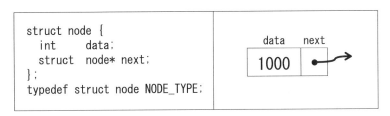

図13-2　ノードの構造体宣言（左）とノード（右）

　コード13.1は4つのノードを持つ連結リストを作成するプログラムである。図13-3は対応する連結リストの図である。malloc関数で各ノード

200

に必要なメモリを確保し,各ノードが次のノードを指すようにしている。そしてデータ部分には整数値を代入している。末尾となるノードには,NULLを設定する。各ノードの値を表示するlinked_list_print関数では,while文を利用して,先頭のノードから末尾のノードまでポインタを辿りながら,ノードの値を表示していく。なお,コード13.1ではmalloc関数がメモリを確保できなかった場合のエラー処理を省略している。またfree関数によるメモリ解放も行っていない。

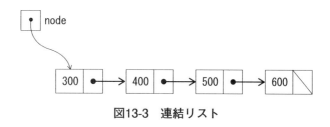

図13-3　連結リスト

[ex13-1.txt]

```
/* code: ex13-1.c    (v1.16.00) */
#include<stdio.h>
#include<stdlib.h>
struct node
{
  int data;
  struct node *next;
};
typedef struct node NODE_TYPE;

/* ------------------------------------------ */
void linked_list_print (NODE_TYPE * node)
{
  while (NULL != node) {
    printf ("%d ", node->data);
    node = node->next;
  }
  printf ("¥n");
}
```

```
/* ---------------------------------------- */
int main ()
{
  NODE_TYPE *node;
  node = malloc (sizeof (NODE_TYPE));
  node->data = 300;
  node->next = malloc (sizeof (NODE_TYPE));
  node->next->data = 400;
  node->next->next = malloc (sizeof (NODE_TYPE));
  node->next->next->data = 500;
  node->next->next->next = malloc (sizeof (NODE_TYPE));
  node->next->next->next->data = 600;
  node->next->next->next->next = NULL;
  linked_list_print (node);
  return 0;
}
```

[出力]

```
300 400 500 600
```

コード13.1：連結リスト

2. 連結リストへのノード挿入

　前節の連結リストの構造体（図13-2）を利用し，連結リストに関連した操作を実現するコードを考える。連結リストに関連した重要な操作としては，挿入と削除がある。これらの操作をそれぞれC言語の関数として実装することを考える。

　連結リストへのノード挿入では連結リストのどこへノードを挿入するかによって処理が異なる。考慮しなくてはいけないケースとしては，①先頭部分への挿入，②末尾部分への挿入，③中間部分への挿入がある。

2.1　先頭へのノード挿入

　最も簡単なのは，図13-4のように連結リストの先頭（head）部分にノードを挿入する場合である。コード13.2は，新たなノードを連結リストの先頭部分へ挿入する関数の例である。この関数の引数は，NODE_TYPEへのダブルポインタ[2]とノードに挿入する整数である。この関数では，新たに挿入するノードのためのメモリをmalloc関数で確保を試みる。そして，新たなノードにデータ値を代入する。リストが空の場合とそうでない場合で処理が異なる。リストが空でない場合は，新たなノードがこれまでの先頭ノードを指すようにポインタの値を設定する。そして，headポインタが新たに作成したノードを指すようにする。このコードではheadポインタの値を関数内で更新するため，ダブルポインタを用いているが，関数が返り値としてheadポインタを返すようにするなど，更新を反映させる様々な実装が考えられる。（なお，このコードを含め

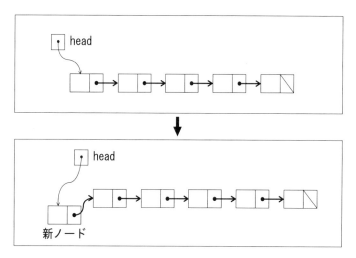

図13-4　連結リストの先頭へのノード挿入

※2：ダブルポインタ（double pointer）というのは，ポインタのポインタ（多重間接参照）のことである。ポインタは変数のアドレスを格納する変数である。ポインタ変数自身もアドレスが割り当てられている。そのポインタ変数のアドレスを格納するためのポインタである。

以下のコードでは，malloc関数がメモリを確保できない場合のエラー処理等は省略している。）

[ex13-2.txt]

```
/* code: ex13-2.c   (v1.16.00) */
#include<stdio.h>
#include<stdlib.h>
#define NOT_FOUND (-1)
#define DATA_SIZE 6

struct node
{
  int data;
  struct node *next;
};
typedef struct node NODE_TYPE;

/* ------------------------------------------- */
void linked_list_insert_head (NODE_TYPE ** head, int data)
{
  NODE_TYPE *new_node;
  new_node = malloc (sizeof (NODE_TYPE));
  new_node->data = data;
  if (*head == NULL) {
    new_node->next = NULL;
    *head = new_node;
  }
  else {
    new_node->next = *head;
    *head = new_node;
  }
}

/* ------------------------------------------- */
void linked_list_print (NODE_TYPE * head)
{
  printf ("Linked_list [ ");
  while (NULL != head) {
    printf ("%02d ", head->data);
    head = head->next;
  }
  printf ("]\n");
}
```

204

```
/* ------------------------------------------------ */
int main ()
{
  NODE_TYPE *head;
  int i, data1;

  head = NULL;
  for (i = 0; i < DATA_SIZE; i++) {
    data1 = (int) rand () % 100;
    printf ("inserting (head): ");
    printf ("%02d\n", data1);
    linked_list_insert_head (&head, data1);
  }
  linked_list_print (head);
  return 0;
}
```

[出力]

```
inserting (head): 83
inserting (head): 86
inserting (head): 77
inserting (head): 15
inserting (head): 93
inserting (head): 35
Linked_list [ 35 93 15 77 86 83 ]
```

コード13.2：連結リストの先頭へのノード挿入

2.2 末尾へのノード挿入

　図13-5は連結リストの末尾へノード挿入する場合である。連結リストの先頭部分へノード挿入をする場合に類似している。ここでは，リストが空の場合の処理，そして，リストが空でない場合，先頭ノードから順番に末尾ノードまで辿ってから，新規のノードを末尾に挿入する処理が必要である。新たなノードを連結リストの末尾（tail）部分へ挿入する関数については，問13.7のコードを参照すること。

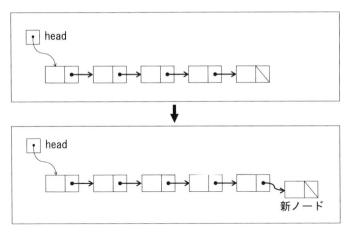

図13-5　連結リストの末尾へのノード挿入

2.3　中間へのノード挿入

　図13-6は連結リストの中間へのノード挿入である。どのノードの間に新たなノードを挿入するのか位置を指定するためには，ノードのデータ値を考慮する場合や，先頭ノードから何番目といった順番を考慮する場合がある。挿入位置の決定の仕方は連結リスト利用の目的によって異なる。いずれの場合でも，新たに挿入するノードの前のノード，新たに挿入するノードの次のノードの情報が必要になる。

　配列では，データを空きの無い部分へ挿入しようとする場合，まず，空き部分を作るため配列のデータを移動する必要がある。しかし，連結リストのノード挿入では，図のようにノードのポインタの値を変更するだけで済み，配列の場合のような高負荷なデータ移動が不要であり，高速なデータ挿入の処理が行える。

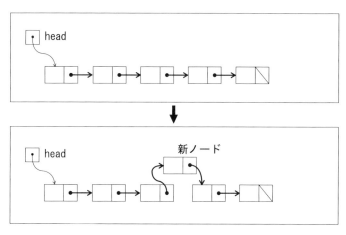

図13-6 連結リストの中間へのノード挿入

3. 削　除

　連結リストへのノード削除ではリストのどのノードを削除するかによって処理が異なる。考慮しなくてはいけないケースとしては，①先頭部分からの削除，②末尾部分からの削除，③中間部分からの削除がある。

3.1　先頭ノードの削除

　図13-7は先頭ノードを削除する例である。先頭ノードの削除では，headポインタが連結リストの2番目のノードを指すように変更し，必要があれば，先頭ノードのデータ値を取り出す。そして，先頭ノードに使われていたメモリを解放する。コード13.3は先頭ノードを削除する例である。

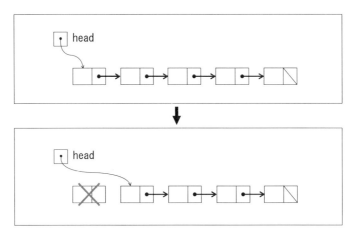

図13-7　連結リストの先頭ノードの削除

[ex13-3.txt]

```
/* code: ex13-3.c   (v1.16.00) */
#include<stdio.h>
#include<stdlib.h>
#define NOT_FOUND (-1)
#define DATA_SIZE 6
struct node
{
  int data;
  struct node *next;
};
typedef struct node NODE_TYPE;

/* --------------------------------------------- */
int linked_list_delete_head (NODE_TYPE ** head)
{
  int data;
  NODE_TYPE *temp;
  if (*head == NULL) {
    return NOT_FOUND;
  }
  data = (*head)->data;
  temp = (*head);
  *head = (*head)->next;
```

```
    free (temp);
    return data;
}

/* ------------------------------------------- */
void linked_list_insert_head (NODE_TYPE ** head, int data)
{
  NODE_TYPE *new_node;
  new_node = malloc (sizeof (NODE_TYPE));
  new_node->data = data;
  if (*head == NULL) {
    new_node->next = NULL;
    *head = new_node;
  }
  else {
    new_node->next = *head;
    *head = new_node;
  }
}

/* ------------------------------------------- */
void linked_list_print (NODE_TYPE * head)
{
  printf ("Linked_list [ ");
  while (NULL != head) {
    printf ("%02d ", head->data);
    head = head->next;
  }
  printf ("]\n");
}

/* ------------------------------------------- */
int main ()
{
  NODE_TYPE *head;
  int i, data1;

  head = NULL;
  for (i = 0; i < DATA_SIZE; i++) {
    data1 = (int) rand () % 100;
    printf ("inserting (head): ");
    printf ("%02d\n", data1);
    linked_list_insert_head (&head, data1);
  }
  linked_list_print (head);
  for (i = 0; i < DATA_SIZE / 2; i++) {
    printf ("deleting (head): ");
```

```
    data1 = linked_list_delete_head (&head);
    printf ("%02d\n", data1);
  }
  linked_list_print (head);
  return 0;
}
```

[出力]

```
inserting (head): 83
inserting (head): 86
inserting (head): 77
inserting (head): 15
inserting (head): 93
inserting (head): 35
Linked_list [ 35 93 15 77 86 83 ]
deleting (head): 35
deleting (head): 93
deleting (head): 15
Linked_list [ 77 86 83 ]
```

コード13.3：連結リストの先頭ノードの削除

3.2　末尾ノードの削除

　図13-8は連結リストの末尾ノードを削除する例である。末尾ノードの削除の場合は，連結リストの先頭からノードを横断していく。そして，末尾ノードの1つ手前のノードを探し，このノードが末尾となるようにポインタにはNULLを設定する。削除する末尾ノードからは，必要があればデータ値を取り出す。そして，ノードに使われていたメモリを解放する。連結リストの末尾ノードを削除する関数については，問13.7のコードを参照すること。

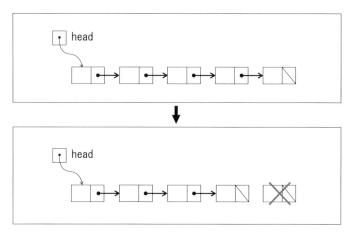

図13-8　連結リストの末尾ノードの削除

3.3　中間ノードの削除

　図13-9は，連結リストの中間に位置するノードの削除である。この場合，削除ノードの1つ手前のノード，削除ノードの1つ後のノードに関する情報が必要になる。この2つのノードが削除したいノードを経由せずに直接連結するようにポインタ情報を書き換えることで中間ノードの削除ができる。

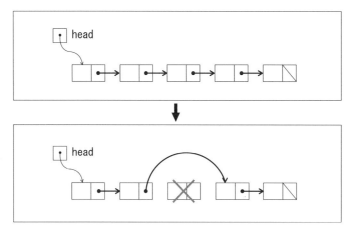

図13-9　連結リストの中間ノードの削除

4.　連結リストの操作に関する計算量

　表13-1は図13-4のような連結リストの先頭を指すheadポインタを1つ
持っている連結リストの操作に関する計算量を示したものである。(た
だし，問13.8のようなheadとtailのポインタを両方持つ連結リストの場
合は計算量が異なる。tailのポインタを利用した場合，O(1) の末尾で
のノード挿入が可能である。)

表13-1　連結リストの操作に関する計算量

連結リストに対する操作	計算量
先頭でのノード挿入・ノード削除	O(1)
末尾でのノード挿入・ノード削除	O(n)
中間でのノード挿入・ノード削除	O(n)

【問題】

(問13.1)　連結リストの主要な操作と操作機能について簡単に説明しなさい。

(問13.2)　C言語で実装した連結リストの特徴を列挙しなさい。

(問13.3)　連結リストの利点を列挙しなさい。

(問13.4)　連結リストの欠点を列挙しなさい。

(問13.5)　コード13.2を拡張して，特定のデータ値を持つノードを探索する関数を作成しなさい。関数ではノード先頭から最初に発見できたノードが何番目のノードであるか関数の値として返すこと，発見できなければ−1を返すこと。

(問13.6)　チャレンジ問題 コード13.2を拡張して，連結リスト内のノード数を数える関数を作成しなさい。

(問13.7)　　チャレンジ問題 コード13.3を拡張して，連結リストの末尾にノードを挿入する関数，連結リストの末尾からノードを削除する関数，ノードを表示する関数を作成しなさい。

(問13.8)　　チャレンジ問題 通常，連結リストの実装では，先頭のノードを指すheadだけを使う場合が多いが，headと末尾のノードを指すtailの両方を利用する実装も存在する。（双端リスト；double-ended listと呼ばれることもある。）このような連結リストでは，末尾部分の挿入処理が簡単になる。このような実装において，リスト先頭部分でノード挿入をする関数，リスト末尾部分でノード挿入をする関数，ノード探索をする関数，任意ノード削除を行う関数を作成しなさい。

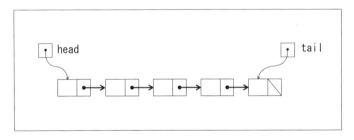

図13-10　連結リスト（headとtailの利用）

214

解答例

（解13.1）　主要な操作としては以下の2つがあげられる。
- ✓　データの挿入：データを連結リストに挿入する。
- ✓　データの削除：データを連結リストから削除し，そのデータ値を取得する。

（解13.2）
- ✓　ノードはデータ部分とポインタ部分からなる。
- ✓　ノードはポインタで接続される。
- ✓　末尾となるノードのポインタにはNULLが設定される。
- ✓　プログラム実行中にデータを保存するためのノードを確保，解放ができる。
- ✓　ノードにはデータだけでなくポインタ用のメモリが余分に必要になる。

（解13.3）　利点
- ✓　配列のように使用するデータの数を見積もる必要がなく，プログラム実行時にノードの確保や解放によってデータ数の増減に柔軟に対応できる。（ただし，可変長配列，動的配列のようにデータ数の増減に対応できるケースもある。）
- ✓　連結リストでは，任意の位置へのノードの挿入やノードの削除が配列に比べて高速に行える。配列では，データの移動処理に時間がかかる。（常に，配列データが先頭から連続的に並ぶようにする場合。）

✓　ポインタを利用することで，2つのリストを1つに接続する処理や，1つのリストを2つに分割するといった処理が配列よりも高速に行える。配列の場合はデータコピー等の処理に時間がかかる。

（解13.4）　欠点

✓　データへのアクセス時間がかかる。配列は添字を利用して，ランダムアクセスが可能であるが，連結リストでは基本的にノードを辿るシーケンシャルアクセスとなる。

✓　構造が配列よりもやや複雑である。

✓　各ノードでノードを連結するためのポインタ用のメモリが余分に必要になる。

（解13.5） コードはWeb補助教材を参照（q13-1.c）。以下はコード例の一部。

```
int linked_list_search_node (NODE_TYPE * head, int key)
{
  int i;
  i = 0;
  while (NULL != head) {
    if (key == head->data) {
      return i;
    }
    head = head->next;
    i++;
  }
  return NOT_FOUND;
}
```

（解13.6）　コードはWeb補助教材を参照（q13-2.c）。

（解13.7）　コードはWeb補助教材を参照（q13-3.c）。

（解13.8）　コードはWeb補助教材を参照（q13-4.c）。

※コード（q13-1.c）（q13-2.c）（q13-3.c）（q13-4.c）では，malloc関数の
エラー処理，free関数によるメモリの解放，引数の値のチェック等を省
略しているコードがあるので注意。

14 | 連結リストの応用

《**目標とポイント**》 連結リストを用いたスタックとキューのデータ構造の実装例について学習する。また，連結リスト（片方向連結リスト）の構造を拡張した，双方向連結リスト，環状連結リスト，環状双方向連結リスト等について学ぶ。そして，これらのリスト構造における利点や欠点，連結リストへのデータの挿入や削除の計算量について考える。
《**キーワード**》 連結リスト，スタックの実装，キューの実装，双方向連結リスト，環状連結リスト，双方向環状連結リスト，番兵，優先度付きキュー

1. 連結リストを利用したスタックの実装

　8章の配列の応用では，配列を用いたスタックの実装を行った。スタックは連結リストを使っても実装することができる。一般的に，スタックを配列で実装した場合，扱うデータが配列に収まるように大きめの配列を用意しなくてはならない。そのため，配列に使われない部分が生じて無駄が生じる。しかし，連結リストを利用した実装であれば，ノードを連結するためのポインタ用のメモリが余分に消費されてしまうが，プログラム実行中に利用したいデータの個数だけノードを確保したり，解放したりできるのでメモリの無駄が少ない。

　図14-1は連結リストを利用したスタックのデータ構造の図である。連結リストの先頭ノードをスタックの頂上と考え，連結リストの先頭でノードを挿入するプッシュ（push）操作，連結リストの先頭でノード

を削除すると同時にノードの値を取得するポップ（pop）の操作を行え
ば，スタックの機能を実現することができる。

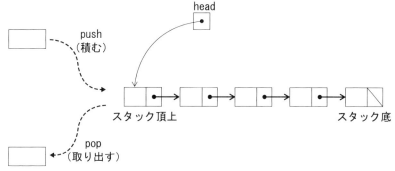

図14-1　連結リストによるスタック

　コード14.1は，連結リストを利用したスタックの実装例である。前章
（13章）での連結リスト実装で使った，連結リスト先頭へのノード挿入
がプッシュ（push）のコード，連結リスト先頭からのノード削除がポッ
プ（pop）のコードになる。

[ex14-1.c]

```
/* code: ex14-1.c    (v1.16.00) */
#include<stdio.h>
#include<stdlib.h>
#define STACK_UNDERFLOW (-1)
#define DATA_SIZE 6
struct node
{
  int data;
  struct node *next;
};
typedef struct node NODE_TYPE;


/* ------------------------------------------ */
```

```c
void stack_push (NODE_TYPE ** head, int data)
{
  NODE_TYPE *new_node;
  new_node = malloc (sizeof (NODE_TYPE));
  new_node->data = data;
  new_node->next = *head;
  *head = new_node;
}

/* ----------------------------------------- */
int stack_pop (NODE_TYPE ** head)
{
  int data;
  NODE_TYPE *temp;
  if (*head == NULL) {
    return STACK_UNDERFLOW;
  }
  data = (*head)->data;
  temp = (*head);
  *head = (*head)->next;
  free (temp);
  return data;
}

/* ----------------------------------------- */
void stack_print (NODE_TYPE * head)
{
  if (head == NULL) {
    printf ("stack is empty.\n");
    return;
  }
  printf ("stack [ ");
  while (NULL != head) {
    printf ("%02d ", head->data);
    head = head->next;
  }
  printf ("]\n");
}

/* ----------------------------------------- */
int main ()
{
  NODE_TYPE *stack;
  int i, data1;
  stack = NULL;
  for (i = 0; i < DATA_SIZE; i++) {
    data1 = (int) rand () % 100;
```

220

```
    printf ("push: ");
    printf ("%02d¥n", data1);
    stack_push (&stack, data1);
  }
  stack_print (stack);
  for (i = 0; i < DATA_SIZE / 2; i++) {
    printf ("pop: ");
    data1 = stack_pop (&stack);
    printf ("%02d¥n", data1);
  }
  stack_print (stack);
  return 0;
}
```

[出力]

```
push: 83
push: 86
push: 77
push: 15
push: 93
push: 35
stack [ 35 93 15 77 86 83 ]
pop: 35
pop: 93
pop: 15
stack [ 77 86 83 ]
```

コード14.1：連結リストを利用したスタックの実装例

2. 連結リストを利用したキューの実装

　図14-2は連結リストを利用したキューの図である。連結リストの先頭をキューの先頭と考え，連結リストの先頭でノードを削除するデキュー（dequeue）操作，連結リストの末尾部分でノードを挿入するエンキュー（enqueue）操作を行えば，キューの機能を実現することができる。この連結リストでは，headポインタだけでなく，tailポインタも利用する実装とする。（前章の問13.8も参照。）

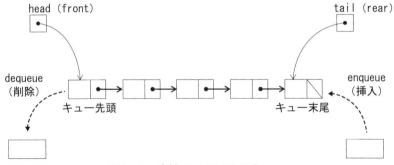

図14-2　連結リストによるキュー

　コード14.2は，連結リストを利用したキューの実装例である。連結リスト先頭（キュー先頭）からのノード削除がデキューのコード，連結リスト末尾（キュー末尾）へのノード挿入がエンキューのコードになる。図14-2のように，連結リスト末尾（キュー末尾）を指すtailポインタも利用するとエンキューの操作が効果的になる。headポインタのみを利用する実装では，ノードを横断する余分な操作が必要となる。なお，コード14.2では，キューの実装であるためheadとtailではなく，frontとrearという変数名を用いている。

[ex14-2.c]

```
/* code: ex14-2.c   (v1.16.00) */
#include <stdio.h>
#include <string.h>
#include <stdlib.h>
#define DATA_SIZE 6
#define QUEUE_EMPTY (-1)
struct node
{
  int data;
  struct node *next;
```

222

```c
};
typedef struct node NODE_TYPE;

/* ------------------------------------------------ */
void q_enque (NODE_TYPE ** front, NODE_TYPE ** rear, int data)
{
  NODE_TYPE *new_node;
  new_node = malloc (sizeof (NODE_TYPE));
  new_node->data = data;
  new_node->next = NULL;
  if (*rear == NULL) {
    *front = *rear = new_node;
  }
  else {
    (*rear)->next = new_node;
    *rear = new_node;
  }
}

/* ------------------------------------------------ */
int q_dequeue (NODE_TYPE ** front, NODE_TYPE ** rear)
{
  int data;
  NODE_TYPE *temp;
  if (*front == NULL) {
    return QUEUE_EMPTY;
  }
  temp = *front;
  data = (*front)->data;
  if (*front == *rear) {
    *front = *rear = NULL;
  }
  else {
    *front = (*front)->next;
  }
  free (temp);
  return data;
}

/* ------------------------------------------------ */
void q_print (NODE_TYPE * front)
{
  printf ("queue [ ");
  while (front != NULL) {
    printf ("%02d ", front->data);
    front = front->next;
  }
```

```
  printf ("]\n");
}

/* ------------------------------------------ */
int main ()
{
  int i, data1;
  NODE_TYPE *front, *rear;

  front = NULL;
  rear = NULL;
  for (i = 0; i < DATA_SIZE; i++) {
    data1 = (int) rand () % 100;
    printf ("enqueue: ");
    printf ("%02d\n", data1);
    q_enque (&front, &rear, data1);
  }
  q_print (front);
  for (i = 0; i < DATA_SIZE / 2; i++) {
    printf ("dequeue: ");
    data1 = q_dequeue (&front, &rear);
    printf ("%02d\n", data1);
  }
  q_print (front);

  return 0;
}
```

[出力]

```
enqueue: 83
enqueue: 86
enqueue: 77
enqueue: 15
enqueue: 93
enqueue: 35
queue [ 83 86 77 15 93 35 ]
dequeue: 83
dequeue: 86
dequeue: 77
queue [ 15 93 35 ]
```

コード14.2：連結リストを利用したキューの実装例

3. 連結リストの派生データ構造

　通常，連結リストというと，片方向連結リスト（singly linked list）を示す。連結リストには構造を拡張したものが幾つか存在する。例としては，環状連結リスト（circular linked list），双方向連結リスト（doubly linked list），環状双方向連結リスト（circular doubly linked list）などがある。なお，連結リストの派生データ構造の読み方は日本語，英語ともに幾つかのバリエーションがある。例えば，片方向連結リストは，単方向連結リスト，一方向連結リスト等で呼ばれることもある。

3.1　双方向連結リスト

　双方向連結リスト（doubly linked list）は図14-3のような構造になっている。双方向連結リストの特徴は各ノードに前のノードに連結するためのポインタ，後ろのノードに連結するためのポインタがあり，前後方向に連結リストを辿れるという特徴がある。

　前章の連結リスト（片方向連結リスト）では，ノードを削除する場合，削除するノードの前に位置するノードの情報が必要であるが，双方向連結リストでは，前後のポインタがあるためノードの削除が簡単になるという利点がある。ただし，双方向連結リストでは，各ノードで，前のノードへのポインタ，後ろのノードへのポインタの2つのメモリが消費される。また，片方向連結リストと比べて挿入や削除に必要なポインタの操作手続きが増える。

　双方向連結リストの先頭ノードと末尾ノードのポインタの1つは空（NULL）にすることで，リストの始まりと終わりを示している。一般的に，双方向連結リストの先頭ノードを指すheadと末尾ノードを指すtailなどのポインタが利用され，これらのポインタは双方向連結リスト

内のノード走査・横断に役立つ。なお，これらのポインタはfirstやlast
という呼び方も使われる。

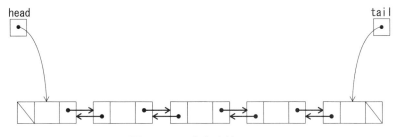

図14-3　双方向連結リスト

　双方向連結リストは，キューの構造を拡張した両端キュー（double-
ended queue）の実装に使われる。両端キューは，双方向キュー，両頭
キューと呼ばれることもある。また，両端キューは，dequeと短く略し
て表現される場合もある（通常，"deck"と発音される）。両端キューは，
挿入と削除の操作を先頭と末尾の両方で行うことができる。つまり，
キューとスタックで使われる基本操作の両方（エンキューとデキュー）
を行うことができるため，両端キューの操作に制限をかけたものが，
キューとスタックであるともいえる。

3.2　環状連結リスト
　環状連結リスト（circular linked list）は，連結リスト（片方向連結
リスト）と同様の構造を持っているが，図14-4のように末尾のノードは
先頭のノードへのポインタがあり，あるノードを出発してノードを辿っ
ていくと，また元の出発したノードへ戻ってくることができる。環状構
造であることから，ノードの横断で無限のループになることを避けるた
め，特定のノードを指すポインタを利用したり，目印となる番兵ノード

（sentinel node）を挿入したりするのが一般的である。

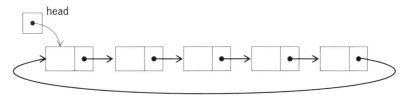

図14-4　環状連結リスト

3.3　環状双方向連結リスト

　環状双方向連結リスト（circular doubly linked list）は，環状連結リストと双方向連結リストの両方の特徴を併せ持つリスト構造である。図14-5のように，双方向連結リストの特徴である各ノードに前のノードに連結するためのポインタ，後ろのノードに連結するためのポインタがあり，前後方向に連結リストを辿れるという特徴がある。しかも，あるノードを出発してノードを辿っていくと，また元の出発したノードへ戻ってくることができる環状連結リストの特徴も持っている。ノードの走査・横断の管理には，双方向連結リストのような使い方であれば，図14-5にあるようなheadポインタとtailポインタが使用される。環状連結リストのような使い方であれば，番兵ノード等も使われる。

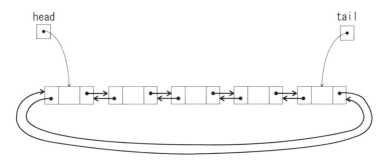

図14-5　環状双方向連結リスト

演習問題

【問題】

(問14.1)　スタックのプッシュ（挿入）とポップ（削除）に必要な計算量を配列で実装した場合と連結リストで実装した場合で比較しなさい。

　キューのエンキュー（挿入）とデキュー（削除）に必要な計算量を配列で実装した場合と連結リストで実装した場合で比較しなさい。

(問14.2)　双方向連結リストの特徴を簡単に述べなさい。

(問14.3)　環状連結リストの特徴を簡単に述べなさい。

(問14.4)　連結リスト（headポインタのみを利用）で実装した優先度付きキューのエンキュー，デキューの計算量について考えなさい。（優先度付きキューとは，エンキューでデータを追加し，デキューでは最も高い優先度を持つデータをキューから削除し，そのデータ値を得ることができるキューである。）

(問14.5)　チャレンジ問題　双方向連結リストのコードを考えなさい。リスト先端，リスト末尾へ新規ノードを挿入する関数を

作成しなさい。リスト先端，リスト末尾からノードを表示する関数を作成しなさい。

（問14.6） **チャレンジ問題** 環状双方向連結リストのコードを考えなさい。リスト先端，リスト末尾へ新規ノードを挿入する関数を作成しなさい。リスト先端，リスト末尾からノードを表示する関数を作成しなさい。

解答例

（解14.1） 配列，連結リストともに挿入・削除が高速である。すべてO(1) となる。

データ構造	実装	挿入	削除
スタック	配列	O(1)	O(1)
スタック	連結リスト	O(1)	O(1)
キュー	配列	O(1)	O(1)
キュー	連結リスト[※1]	O(1)	O(1)

（※1：双方向連結リストを利用，あるいは，片方向連結リストでtailポインタも利用）

（解14.2） 双方向連結リストは各ノードに前のノードに連結するためのポインタ，後ろのノードに連結するためのポインタがあり，前後方向に連結リストを辿れる。

（解14.3）　末尾のノードは先頭のノードへのポインタがあり，あるノードを出発してノードを辿っていくと，また元の出発したノードへ戻ってくることができる。

（解14.4）　連結リストを用いて優先度付きキューを実装する場合，連結リストにノードをどのように挿入するかによってエンキューとデキューの計算量が変わる。

①データを単純にキューの末尾（連結リストの先頭）に挿入する場合，エンキューはheadポインタを使って，計算量$O(1)$である。デキューでは連結リストを辿って優先度の高いノードを探索するため，計算量$O(n)$となる。

②データを優先度順に並べて連結リストに挿入する場合，デキューでは最も優先度の高いノードはheadポインタを使って見つけられるので，計算量$O(1)$である。エンキューでは優先度順にノードを並べるために連結リストを辿るので，計算量$O(n)$になる。

　なお，ヒープと呼ばれるデータ構造を用いるとエンキューとデキューともに計算量$O(\log n)$となる。

優先度付きキューの実装	エンキュー（挿入）	デキュー（削除）
① データをキュー末尾（連結リスト先頭）へ挿入する場合 head 40 → 30 → 90 → 10 → 80	O(1)	O(n)
② データを優先度順に並べて連結リストに挿入する場合 head 90 → 80 → 40 → 30 → 10	O(n)	O(1)

※ノード内の数値は優先度。
※この例では，数値が大きいほど優先度大とする。
※この図では省略しているが，通常，優先度付きキューの各ノードは，データ値と優先度の2つの情報を持つ。

（解14.5）　コードはWeb補助教材を参照（q14-1.c）。

（解14.6）　コードはWeb補助教材を参照（q14-2.c）。

15 | プログラミング言語・Scratch

《**目標とポイント**》 プログラミング言語の数は，あまり知られていないもの
も含めると，その数は数千以上あるといわれている。プログラミング言語の
一例として，Scratch（スクラッチ）について学習する。Scratchによる制御，
繰り返し等の基本的なプログラム例について学ぶ。Scratchによるデータ整
列，データ探索などの応用的なプログラムの作成についても学習する。
《**キーワード**》 Scratch，ブロック，スプライト，情報教育，整列，探索

1. Scratchの概要

　Scratch（スクラッチ）は，MITメディアラボ（The Massachusetts
Institute of Technology Media Lab）によって開発されたプログラミン
グ言語学習環境である。プログラミング学習のためのソフトウェアであ
るが，Scratchはプログラミング言語と呼ばれることもある。

　Scratchは世界各国で利用され，40以上の国の言語に対応している。
8歳から16歳向けにデザインされている[1]。日本国内では，政府が
2020年度から小学校のプログラミング教育を必修化したことから，小学
校・中学校・高等学校などで，計算機科学などを学習するための子ども
向けのプログラミング言語として注目されている。

　一般的に多くのプログラミング言語は，テキストを入力することに
よって作成される。しかし，Scratchのようなプログラミング言語は，
ビジュアルプログラミング言語（visual programming language）と呼

ばれ，テキストを入力する代わりに，視覚的に表現されたブロックなど
を接続することによってコードを作成する。Scratchでは，目的ごとに
色のついたブロックが用意されており，それらをパズルのピースのよう
に接続することでコードを作成できる。接続されたブロックは，スクリ
プト（scripts）と呼ばれ，一連の命令を実行することができる。図15-1は，
Scratchのプログラミング言語学習環境であり，図中の左部分には，『動
き』，『見た目』，『音』，『イベント』，『制御』，『調べる』，『演算』，『変数』，
『作ったブロック』に関するブロックなどが用意されている。

　図15-1の猫は，スプライトと呼ばれ，画面内に自由に配置したり，動
かしたりすることが可能な図やキャラクターのことである。この猫は
Scratchの代表的なスプライトの例であり，Scratchには，この他にも
様々なスプライトが用意されている。また，自分でオリジナルのスプラ
イトを作成することも可能である。スプライトは背景の画像と独立して
いることから，コンピュータゲームに登場するキャラクターの作成など
に適している。

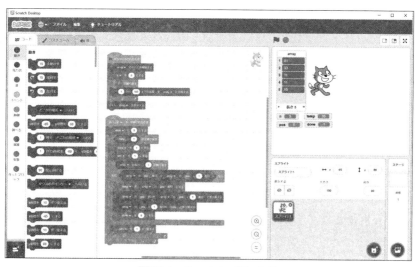

図15-1　Scratch（Ver3.0）

2. Scratchコードの応用例

　本節では，Scratchコードの応用例として配列に乱数を入れる例，バブルソートの例について学習する。

2.1　配列に乱数を入れる例

　コード15.1は，配列に乱数を入れる例である。この例では，'array'と名付けた配列（Scratchではリストと呼ばれる），'n' と名付けた変数を用意する。そして，変数nに5を代入する。そして，'繰り返し'の処理によって，1から10までの範囲の乱数を配列に追加する操作をn回繰り返す。

[ex15-1.sb3]

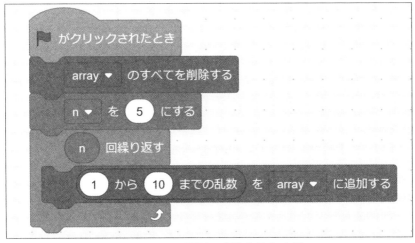

コード15.1：配列に乱数を入れる例

　図15-2は，コード15.1を実行したときに得られる出力である。配列（リ

スト）に5つの乱数がある。変数nは配列の大きさであり，その値が表示されている。

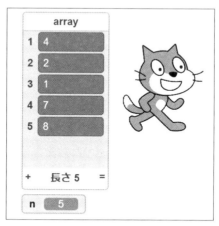

図15-2　コード15.1の出力。配列（array）に5つの乱数がある。

　以下に，Scratchによるリストの作成，変数の作成，ブロックの配置に関する簡単な操作手順を示す。詳しい操作方法については，Scratchの公式Webサイトや書籍を参考にすること。コードの作成は，ブロックを形状に注意しながら接続していくだけで良い。しかし，このコードのように，変数や配列（リスト）を用いる場合は，キーボードなどを利用して，変数名やリスト名をつけて準備する必要がある。

① 『変数』から‘リストを作る’を押し，新しいリスト名として，‘array’を入力する。‘すべてのスプライト用’を選択し‘OK’を押す。

② 『変数』から'変数を作る'を押し,新しい変数名として,'n'を入力する。'すべてのスプライト用'を選択し'OK'を押す。

③ 『イベント』からブロック「フラグが押されたとき」を配置する。

④ 『変数』からブロック「'array'のすべてを削除する」を配置する。

⑤ 『制御』からブロック「'n'を○にする」を配置する。○には,5を入力する。

⑥ 『制御』からブロック「'○'回繰り返す」を配置する。○には,『変数』からブロック「'n'」を配置する。

⑦ 『変数』からブロック「'○'を'array'に追加する」を配置する。'○'には『演算』から「'1'から'10'までの乱数」を配置する。

2.2　バブルソートの例

　コード15.2は,配列（リスト）に1から100までの乱数を5個入れる例である。変数nが配列の大きさになっているので,この値を変更することにより,生成する配列の大きさを変更することができる。もちろん,同様の動作を行う様々なコード作成が可能である。もっと,単純に"リストの長さ"を求めるブロックを利用するようなコードでも良い。

[ex15-2.sb3]

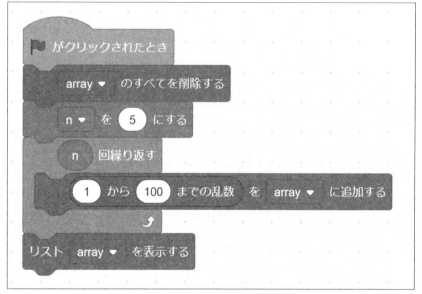

コード15.2：配列（リスト）に1から100までの乱数を5個入れる例

　コード15.3は，コード15.2で作成した乱数の配列に対してバブルソートを行うコードの例である。バブルソートについては，10章「ソーティング」を参照すること。バブルソート（bubble sort）は，隣接する要素の値の大小関係を比較し，大小関係が逆であったらそれを入れ替えていくという手法である。

　旗（フラッグ）をクリックすると，大きさ5の配列に1から100までの乱数が代入され，最後に配列が表示される。そして，スペースキーを押すとバブルソートが実行され，配列内の乱数が整列され表示される。

[ex15-3.sb3]

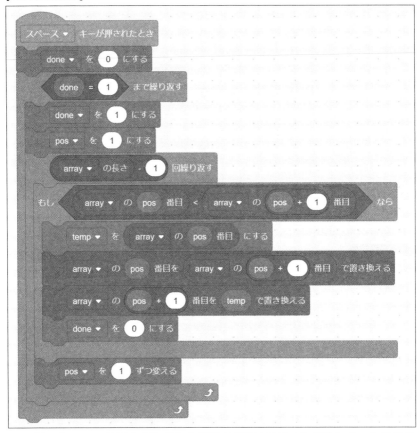

**コード15.3：コード15.2で作成した乱数の配列に対してバブルソートを行う
コードの例**

238

参考文献

[1] Scratch 公式 Web サイト：https://scratch.mit.edu/

[2] Scratch デスクトップ：https://scratch.mit.edu/download

[3] 松下孝太郎，山本光『親子でかんたん スクラッチプログラミングの図鑑（まなびのずかん）』（技術評論社，2017年），ISBN-13: 978-4774193878

[4] 石原淳也，阿部和広『Scratchで楽しく学ぶ アート＆サイエンス』（日経BP社，2018年），ISBN-13: 978-4822292331

[5] 松下孝太郎，山本光『今すぐ使えるかんたん Scratch』（技術評論社，2019年），ISBN-13: 978-4297105471

演習問題

【問題】

（問15.1） ScratchのWebサイト（https://scratch.mit.edu/）にWebブラウザでアクセスし，コード15.1を参考にして，配列に乱数を入れるScratchコードを作成しなさい。乱数の範囲を1から300までの乱数にしなさい。

（なお，「Scratchデスクトップ」と呼ばれるソフトウェアをPCにダウンロードし，インストールすることで，Scratchプログラミングを行う環境を作ることもできる[2]。）

（問15.2） 作成したコードを使用しているコンピュータに保存しなさい。

（問15.3）　ScratchのWebサイト（https://scratch.mit.edu/）にWebブラウザでアクセスし，8章「配列の応用」で学習したライフゲームのScratchコードを検索しなさい。検索には，"Conway's Game of Life"，"Game of Life"等のキーワードを利用すること。

（問15.4）　チャレンジ問題 11章「高速なソーティング」で学習したクイックソートを行うScratchコードを作成しなさい。Scratchは再帰呼び出しを行う関数を作成することもできる。また，データ数を増やして，バブルソートとクイックソートの実行速度を比較しなさい。

（問15.5）　チャレンジ問題 7章「配列の操作」で学習した線形探索を行うScratchコードを作成しなさい。1から300までの範囲の乱数を配列に格納し，探索したいデータをユーザに問い合わせなさい。なお，データの問い合わせとデータが発見できたときの出力には，猫のスプライトのスピーチバブル（会話形式の吹き出し）を利用しなさい。

解答例

（解15.1）　コードでは，乱数の生成，繰り返しの処理などを行っている。なお，Scratchデスクトップ（https://scratch.mit.edu/download）のソフトウェアをインストールするとインターネット接続をしなくてもプログラミングが可能になる。コードは，Web補助教材q15-1.cb3を参照。

（解15.2）　「ファイル」メニューから「コンピュータに保存する」を選ぶと，"Scratchのプロジェクト.sb3"のようなファイル名でファイルが保存される。なお，「コンピュータから読み込む」は逆の操作である。

（解15.3）　世界の人々が作成した無数のライフゲームのScratchコードが見つかる。誰かが作成したコードが簡単に共有・参照できるのもScratchプログラミング環境の重要な機能の一つである。なお，「中を見る」を選択すると実際のコードを参照することができる。

（解15.4）　コードはWeb補助教材（q15-2.sb3）を参照すること。Scratchはマウス操作によってブロックを配置しコードを作成できる。この例のように，ある程度複雑で長いコードになると，入力は容易ではない。

　Scratchは一般的なC言語などのプログラムよりも高速な処理は期待できない。Scratchにおいても，バブルソートとクイックソートの乱数整列の実行速度を比較すると，クイックソートが高速になる（11章を参

照）。どのようなアルゴリズムを使うのかが非常に重要である。

[q15-2.sb3]　コードの一部（乱数生成，クイックソート関数呼び出し）

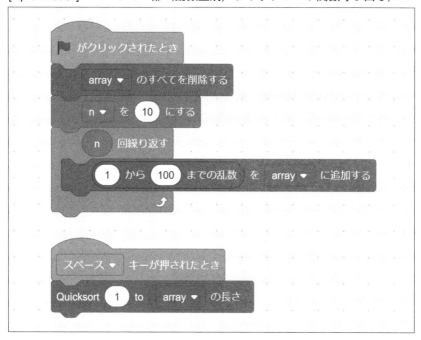

[q15-2.sb3] コードの一部（クイックソート関数）

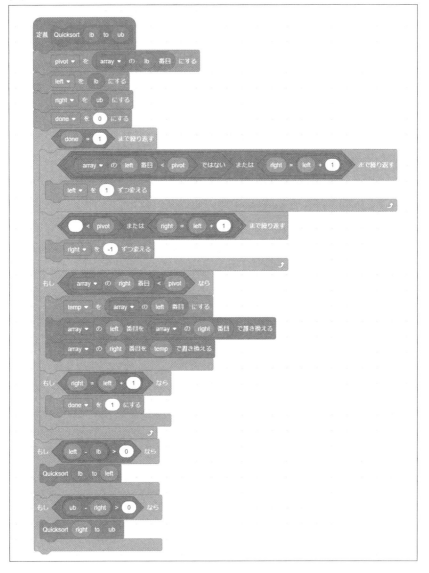

（解15.5）　コードはWeb補助教材（q15-3.sb3）を参照すること。線形探索の例。

[q15-3.sb3]　線形探索の例

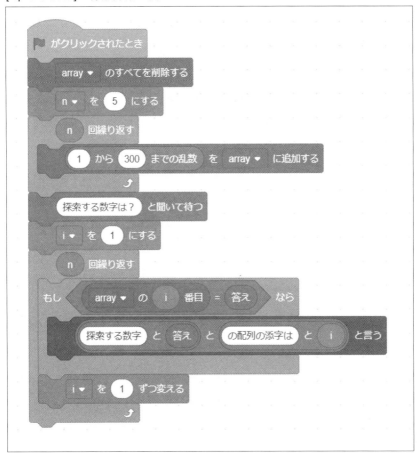

出力の例（配列の添字は 1 からスタートしている。）

付録 ▌

1．Web補助教材と正誤表

　放送大学の学生の方はシステムWAKABAへログインして，本科目のWeb補助教材や正誤表を参照して下さい。放送大学の学生でない方は著者Webページ等を参考にして下さい。

・放送大学システムWAKABA

　https://www.wakaba.ouj.ac.jp/portal/

・著者のページ

　https://sites.google.com/site/compsciouj/

　　※上記Webページは2020年現在のものです。Webページが見つからない場合は「放送大学　アルゴリズムとプログラミング」で検索をして下さい。

2．開発環境

　様々なOSでC言語のコンパイラを利用できます。インストール方法はWebや書籍等を参考にして下さい。仮想化ソフトウェア・パッケージのOracle VM VirtualBoxも便利です。

　また，インストールが不要なオンラインコンパイラを提供するWebサイトも幾つか存在します。

Linux（Fedora，Ubuntu等）

・gcc

・clang

gccと関連のツールは，Fedoraでは，

$ sudo dnf group install "C Development Tools and Libraries"

Ubuntuでは，

$ sudo apt install build-essential

といったコマンドでインストールできます。

Windows
・Cygwin
・MinGW
・MSYS2
・Microsoft Visual Studio
・LSI C-86

macOS，OS X，Mac OS X
・Apple Developers Tools（Xcode等を含む）

３．本書で利用した便利なソフトウェア
・ImageMagick
・POV-Ray
・Gnuplot
・Graphviz
・indent

４．アルゴリズムやプログラミング言語の学習に役立つ書籍の例
① The Art of Computer Programming Volume 1 Fundamental Algorithms Third Edition 日本語版，Donald E. Knuth（著），有

澤誠（監訳），和田英一（監訳），青木孝（訳），筧一彦（訳），鈴木健一（訳），長尾高弘（翻訳），アスキー，2004年，
ISBN 978-4-7561-4411-9

② The Art of Computer Programming Volume 1 Fascicle 1 MMIX-A RISC Computer for the New Millennium 日本語版，Donald E. Knuth（著），有澤誠（監訳），和田英一（監訳），アスキー，2006年，ISBN 978-4-7561-4712-7

③ The Art of Computer Programming Volume 2 Seminumerical Algorithms (Third Edition) 日本語版，Donald E. Knuth（著），有澤誠（監訳），和田英一（監訳），斎藤博昭（訳），長尾高弘（訳），松井祥悟（訳），松井孝雄（訳），山内斉（訳），アスキー，2004年，ISBN 978-4-7561-4543-7

④ The Art of Computer Programming Volume 3 Sorting and Searching Second Edition 日本語版，Donald E. Knuth（著），有澤誠（監訳），和田英一（監訳），アスキー，2006年，ISBN 978-4-7561-4614-4

⑤ The Art of Computer Programming Volume 4 Fascicle 2: Generating All Tuples and Permutations 日本語版，Donald E. Knuth（著），有澤誠（監訳），和田英一（監訳），アスキー，2006年，ISBN 978-4-7561-4820-9

⑥ アルゴリズムとデータ構造，N. ヴィルト（著），浦昭二（翻訳），国府方久史（翻訳），Niklaus Wirth（著），近代科学社，1990年

⑦ アルゴリズムとデータ構造，（岩波講座 ソフトウェア科学3）石畑清（著），岩波書店，1989年，ISBN-13: 978-4000103435

⑧ プログラミング言語C，第2版 ANSI規格準拠，B.W. カーニハン（著），D.M. リッチー（著），石田晴久（翻訳），共立出版，1989年，

ISBN-13: 978-4320026926

⑨　アルゴリズムC++，ロバート　セジウィック（著），Robert Sedgewick
（原著），野下浩平（翻訳），佐藤創（翻訳），星守（翻訳），田口東（翻
訳），近代科学社，1994年，ISBN-13: 978-4764902220

5. C言語の学習に役立つ書籍の例

①　プログラミング言語C，第2版，B.W. カーニハン（著），D.M. リッチー
（著），石田晴久(翻訳)，共立出版，1989年，ISBN-13: 978-4320026926
②　やさしいC，高橋麻奈，SBクリエイティブ，2007年，
ISBN-13: 978-4797370980
③　苦しんで覚えるC言語, MMGames, 秀和システム, 2011年,
ISBN-13: 978-4798030142

250

索引

●配列は五十音順

著者紹介

鈴木　一史 (すずき・もとふみ)

1970年，千葉県成田市生まれ。
1994年，米国ユタ州立大学コンピュータサイエンス学部卒業（B.Sci.）。
1997年，筑波大学大学院修士課程理工学研究科修了。
2000年，筑波大学大学院博士課程工学研究科修了（工学博士）。
大学共同利用機関・メディア教育開発センター助手，助教授，准教授
等を経て，2019年より放送大学・情報コース教授。

放送大学教材　1570420-1-2011（ラジオ）

改訂版　アルゴリズムとプログラミング

発　行　　2020年3月20日　第1刷

著　者　　鈴木一史

発行所　　一般財団法人　放送大学教育振興会
　　　　　〒105-0001　東京都港区虎ノ門1-14-1　郵政福祉琴平ビル
　　　　　電話 03（3502）2750

Printed in Japan　ISBN978-4-595-32219-8　C1355